KB240747

빛깔있는 책들 102-25

한국의 누

글/박언곤 ● 사진/김종섭

대원사

박언곤 ——————

공학박사. 와세다대학 건축학과를
졸업하고, 동대학원을 수료하였다.
홍익대학교 건축학과 교수로 있으
며, 문공부와 서울특별시의 문화재
전문위원을 겸하고 있다.

김종섭 ——————

본사 사진부 차장

빛깔있는 책들 102-25

한국의 누

한국인과 누정　　8
누 건축의 역사　　10
누 건축의 종류　　12
　궁궐 시설　　14
　도성 시설　　17
　관아 시설　　17
　종교 시설　　20
　교육 시설　　23
　주택 시설　　23
누정 건축 계획　　28
　궁궐의 누　　28
　성곽의 누　　40
　관아의 누　　58
　사찰의 누　　77
　교육 시설의 누　　110
　주택의 누　　120

한국의 누

한국인과 누정

　개개인의 인품이나 정신 수양의 기본은 일상 생활 환경에서 형성된다.

　우리는 전통 생활을 유지하면서 특히 가부장 제도 아래 삼강오륜을 생활 방식으로 이어 왔다. 따라서 가정 교육의 생활 철학이 유학에 바탕을 두고 개인의 인격 형성을 이루었고 현대에도 그 맥은 이어지고 있다.

　물론 학문을 닦는 것만이 인격 수양이 아니고 학문의 생활화가 상류 지배층일수록 강하게 요구되었던 것은 사실이다. 그러나 학문을 가까이 하지 못하던 서민도 이러한 생활 풍토를 이어받거나 강요받으면서 모두가 동감하는 생활 철학이 존재하게 되었다. 그것은 자연인으로서의 청렴함과 검소함 그리고 자연에 순응하는 것이었다. 곧 선인(仙人)의 경지였다. 그러기에 자신의 됨됨이를 항시 자연과 비교했고 자연과 함께 존재하기를 바랐다. 따라서 건축된 공간도 자연에 집착하게 되는데 대표적인 것이 누정(樓亭)이다.

　일본 상류 계급에서는 근세부터 개인의 수양을 위해 주택의 일부에 만들어 놓은 차실(茶室)이란 좁은 공간에서 스스로를 돌아보는

안압지 전경 자연 경관이 수려하고 전망이 트인 장소에 세움으로써 주위 환경과 함께 함을 중시하는 정과 누는 우리 민족의 생활 철학을 대변하는 건축이기도 하다

생활을 즐기는 경향이 있다. 최소의 공간에서 최소의 채광으로 만들어진 건축 안에서 차(茶)를 만들고 마심으로써 정신을 집중시켜 몸과 마음을 다지는 과정이 다도(茶道)이다.

이와 달리 우리의 상류층들은 절연된 인위적 공간에서가 아니고 하늘과 땅과 물 그리고 수목들과 함께 트인 공간에서 혼자가 아니고 함께 자연인이 되어 마음을 비우는 과정을 즐겼다.

정자가 자연 속에서 개인적인 수양 공간이라면 누(樓)는 공적인 집단 수양 공간이 되는 셈이다. 따라서 정과 누는 자연 경관이 수려하고 터진 장소에 세워서 건물로서의 의미가 아닌 장소에 더 큰 가치를 두어 주위 환경과 함께 함을 중시하는 우리 민족의 생활 철학을 대변하는 건축이다.

누 건축의 역사

　백제 무왕(武王) 37년(636) 8월 "신하들과 망해루(望海樓)에서 잔치를 치렀다"라는 기록이 「삼국유사」에 있다. 누 건축이 이름과 함께 나타나는 예 가운데 가장 빠른 것이다. 성왕(聖王) 때 지금의 부여 사비성으로 천도한 뒤 1세기가 경과된 기록이므로 그 이전의 왕궁에도 누 건축이 있었음에 틀림없다고 생각된다. 바다를 바라본다는 뜻의 이름으로 보아 높다란 장소에 자리하여 멀리 강과 하늘이 함께 공감되는 곳이거나 가깝게 바다와 같이 커다란 호수를 형성한 장소였을 것이다. 곧 자연을 만끽할 수 있었던 장소임을 상상할 수 있다.

　「삼국사기」에는 "원성왕(元聖王) 10년(794) 7월에 대궐 서쪽에 망은루(望恩樓)를 세우고, 문성왕(文聖王) 14년(852) 7월에는 명학루(鳴鶴樓)를 다시 수리하고 경문왕(景文王) 11년(871) 2월에는 월상루(月上樓)를 수리하였다"라고 되어 있다.

　신라의 민속 연구에 많이 인용되는 헌강왕(憲康王) 6년(880) 9월 9일의 기록에 "왕은 신하들과 월상루에 올라 서울을 내려다보니 민가가 서로 이어져 있고 노래와 피리 소리가 끊임이 없다. 왕이 시중(侍中)인 민공에게 '민가에서는 기와로 지붕을 덮고 밥을 짓되 숯으로 하며 나무로 짓지 않는다는 게 정말이냐'고 물으니 '저도 그와 같이 들었습니다'라고 대답했다"는 기록이 있다. 여기서 월상루는 궁성(宮城)에 만들어져 있고 9월 9일(重陽節)은 장안에 풍족한 즐거움이 있던 날이며 왕도 누에 올라 명절을 즐겼으리라 본다.

누는 궁궐에서 반드시 필요한 건물이었기에 삼국 초부터 만들어졌고 더욱이 조선 왕조에서는 궁궐만이 아니고 관아, 사찰, 서원 및 향교 그리고 주택에까지 즐겨 만든 건축이다.

중국의 옛 문헌에서도 황제의 고귀성을 뒷받침하기 위해 누 건축의 필요성을 강조하고 있다. 「영조법식」 권 제1 '누조'에 의하면 "「사기(史記)」에 방사가 무제에게 아뢰기를 '황제는 5성과 12루를 만들어 신인(神人)을 기다렸다고 합니다'라고 하니 곧 50장(丈)이나 되는 신명대 징간루(井幹樓)를 만들있다"라고 하였다.

중국에서도 누는 인간이 인간으로 존재하기 위함이 아니고 신선이 되기 위한 것이었으면서 사용자의 고귀성을 나타내고자 그 기능을 부여했던 건물이었다.

누 건축의 종류

정자 건축은 사생활의 일면을 담당하는 건축물로 구조, 규모, 의장의 자유로움이 자연과 완전히 동화된 공간을 구성하지만, 누 건축에서는 개인성보다 공공 시설로서 그리고 지역 단위의 특정성으로서 규모와 규범이 고급 건축 구조와 의장을 요구한다.

많은 사람이 함께 사용할 수 있는 크기와 위치에 따라서 복합적 공공 기능을 부여하거나 반대로 다른 기능을 가진 건축물에 풍류, 교육, 접대 및 공공 의식 기능을 겸하여 누 건축을 구성한다. 따라서 정자의 분위기를 흡수하면서 다양성을 가진 복합 기능 건물로 존재한다.

13쪽 사진　　　누 건축의 현존 상태로 보아 문루(門樓)를 이루어 방어, 감시의 군사적 치안 요소 기능이 있는 것이 많고 교육 시설 그리고 종교 시설로서의 의식 기능을 가진 것과 순수한 접대나 향연을 목적으로 한 누 건축 등으로 기능을 분류할 수 있다.

문경 새재 제1관문　현재 남아 있는 누는 방어, 감시의 군사적 치안 요소의 기능이 있는 것이 많다.

궁궐 시설

15쪽 사진

　궁궐 안에는 성과 문 그리고 정전을 비롯하여 편전과 침전이 있고 후원에 부속 건물이 있다. 이 시설 가운데 누 건축으로 만들어진 구조는 성문에 있고, 편전 가운데도 누 구조로 공간을 갖는 건물이 있으며 후원에 순수한 누 건축을 만들기도 한다. 경회루와 같이 정전 근처의 일곽에 향연과 접대 의식을 위해 누 건축이 환경 조성과 함께 꾸며지기도 한다.

　성문에 있는 누각은 방어, 감시의 군사적 기능을 가지므로 구조는 누각이지만 자연과의 관계와 공간의 확산과 흡수 그리고 풍류 기능은 없다. 그러나 궁성 안에서는 후원의 자연성을 이용한 누 건축이나 인위적으로 된 자연에 누 건축을 만들어서 어떤 누정 건축보다 고귀한 건물을 만들어 준다. 철저한 사상 배경과 최고의 기술 및 경제성으로 자연성이든 인공성이든 그 환경의 의미는 동양 우주론에 입각된 선인의 세계를 꾸며 주고 있다.

궁궐의 누 궁궐 안에는 성, 문, 정전을 비롯하여 편전과 침전이 있고 후원에 부속 건물이 있다. 이 시설 가운데 누 건축으로 만들어진 구조는 성문에 있고, 편전 가운데도 누 구조로 공간을 갖는 건물이 있으며 후원에 순수한 누 건축을 만들기도 한다. 옆면은 창덕궁 후원의 주합루, 위는 경복궁 자경전의 청연루 전경이다.

수원성(화성)의 누 건축

도성 시설

    도시를 둘러싼 성벽에는 문과 누와 정과 군사 시설이 구성된다. 16쪽 사진
여기에도 실제로 누각 건축은 구조상 피할 수 없는 건물들이다.
그러나 군사적 방어 시설 위주의 누 구조는 누정 건축의 공간적
개념이 약하므로 제외하더라도, 사방이 트이고 바닥을 높이 올려
만든 건물은 군사적 기능을 가지면서 풍류와 자연의 순응 공간으로
사용된 건물들이 많이 시설된다.

    산등성이를 따라 산마루까지 오르면서 축조된 성곽은 절경의
장소 그리고 밖으로 절벽이 이루어지고 수목이 울창하거나 거기에
멀리 강줄기를 내려다볼 수 있는 곳이면 군사 시설만의 충실함뿐만
아니라 자연을 음미하며 속세를 떠나 마음을 열고 청신한 기상을
빌고자 누 건축을 민들이 활용한 것이다.

관아 시설

    조선 왕조의 중앙 집권 체제는 의정부와 육조(吏曹, 戶曹, 禮曹,
兵曹, 刑曹, 工曹)가 있었으며, 지방에서는 육조 체제를 축소한 육방
체제로 1894년까지 유지된다. 이같은 체제는 5부 8도(한성부, 수원
부, 광주부, 개성부, 강화부, 경기도, 충청도, 경상도, 전라도, 황해
도, 강원도, 함경도, 평안도)에서 행정 조직을 이루게 된다. 행정
구역을 군과 현으로 구성시켜 관찰사에서부터 군수, 현령, 현감의
벼슬이 통치토록 하였던 조직도 조선 왕조 말기까지 유지되었다.
이들 조직에 관아 시설이 있었고 그 가운데 객사의 시설로서 누
건축을 만들어 접대, 향연 및 풍속에 따른 의식을 가지게 했다.

    유명한 남원의 광한루(廣寒樓)도 남원 객사의 누각 건축이었다. 18, 19쪽 사진

광한루 유명한 남원의 광한루도 남원 객사의 누 건축이었다. 위는 광한루 전경, 옆면 위는 광한루 앞 호안의 거북돌이고 아래는 객사 터의 유구이다.

밀양의 영남루도 객사의 누각 건축이었으며 청풍의 한벽루는 청풍
현의 객사에 속하던 누각 건축이었다.

이같은 관아 시설 가운데 하나로 객사 소속이거나 관아 직속 관리
아래 시설된 누 건축은 주위 자연 환경이 수려함은 물론 건축 기술
의 수준도 높고 기획과 기법이 많은 사람과 함께 풍류를 즐길 수
있는 기능만을 고려한 건축들이다.

관아 건축에서의 누 건축들은 조선 왕조의 사회 풍토 곧 유교적
생활 방식에서 그 필요성이 강조되었다고 볼 수 있겠다. 천지인
(天地人)의 자연관에 입각한 생활 철학의 신앙화 그리고 인간 본연
의 존재를 자연에 두고 귀속 존재로 보는 청렴한 신선화에서 풍류를
인간의 놀음으로 승화시켜 주려는 의도가 강한 결과이다. 따라서
하늘에 있고 물에 떠 있으며 수목과 금수가 함께 하고 있는 장소성
을 요구한 것이다.

종교 시설

우리나라 역사상 불교 문화는 건축을 비롯한 예술 전반에 큰 영향
을 미쳤다. 불교 사찰의 공간 구성은 크게 일주문, 천왕문 등과 같은
문들에 의해서 그 영역이 구분된다. 불이문, 금강문, 회전문 등도
불계의 영역과 불법을 기준한 공간이다.

그 문들 가운데 어떤 것은 최고의 영역이 되는 대웅전 앞마당에
세워져 있는 예가 많다. 대웅전 앞마당의 땅바닥보다 낮게 자리하여
세워진 건물은 문이나 누의 이름을 사용하는데 사찰에 들어서는
사람이 건물의 밑을 통과하면서 조심스럽게 대웅전 앞마당에 올라
서면 대웅전과 탑이 극적으로 전개된다.

그 대표적인 실례를 부석사 안양루 또는 전등사 대조루에서 볼

화엄사 보제루 대웅전 앞마당의 땅바닥보다 낮게 자리하여 세워진 건물은 문이나
누의 이름을 사용한다. 대웅전과 마주보고 있는 누 건축이 들어가는 문의 기능을
담당하지 않은 예이다.

봉정사 덕휘루 사찰에 들어서는 사람이 건물의 밑을 통과하면서 조심스럽게 대웅전 앞마당에 올라서면 대웅전과 탑이 극적으로 전개된다. 그 대표적인 예 가운데 한 유형이 봉정사 덕휘루이다.

수 있다. 대웅전과 마주보고 있는 누 건축이 들어가는 문의 기능을
담당하지 않은 예도 많다. 화엄사 보제루, 범어사 보제루, 장곡사
운학루가 그 실례이다.

이 법당 앞에 만들어진 누는 법당 앞마당과 수평 연장된 바닥을
이루게 되는데 산지 사찰의 경관이 수려한 곳에서는 사방에 창호를
달지 않고 개방시켜 일반 풍류를 위한 누 건축과 외형상 다를 바
없으나 사찰의 누 건축은 그 기능을 달리한다. 법당 문을 열어 놓고
불자들이 누마루에서 법당을 향해 의식을 행하도록 하기도 하고
고승의 법문을 듣기도 하는 순수 의식 공간이 되기도 한다.

21쪽 사진

교육 시설

조선 왕조에서 성하기도 하고 쇠하기도 하던 서원 및 향교의 교육
시설에서 출입분 위를 누 건축으로 하여 다복석으로 사용하였던
시설이 있다. 일반적으로 홍살문을 지나 삼문(三門)을 들어서게
되는데 문루를 만들어 사방을 개방한 누마루로 구성된 것이다. 이러
한 공간은 훈장들의 풍류 또는 접객을 위한 공간으로 이용되었을
것으로 생각되며 때로는 생원들의 여름철 교육 장소로도 이용되었
을 것이다. 유교 생활 철학을 근본으로 삼는 선비들이 즐겨 만들었
을 공간 가운데 하나이다.

24쪽 사진
25쪽 사진

주택 시설

조선 왕조의 상류 계층은 사서 삼경(四書三經)을 위주로 한 유학
적 학문을 생활화함으로써 상류 계급 주택에 꾸며지는 누마루 공간

은 누 건축의 배경과 같은 형태를 가진다. 이것은 공간의 성격상 정자와 비슷하지만 지표에서 높게 올려 만든 바닥과 시야를 멀리까지 연장시킬 수 있도록 한 구조적 특징은 천지인(天地人)을 일체화하려는 의도와 그 자체를 권위성으로 나타내려는 성격을 가진다.

누마루는 대청에서 한두 단 높게 잡고 돌출시켜서 전망을 좋게 하고 돌출시킨 주위에 연못을 만들거나 보기 좋은 수목으로 장식하여 생활 속에서 선인의 경지를 찾으려는 개인적인 공간이다.

김제향교　서원 및 향교 등의 교육 시설에서는 출입문 위를 누 건축으로 하여 다목적
으로 사용하였다. 보통 홍살문을 지나 삼문을 들어서면 사방을 개방한 누마루로 구성
된 문루가 있다. 옆면은 김제향교의 홍살문이고 위는 누 건축이다.

예천 권씨 종가 초간정 주택에서 누마루는 대청에서 한두 단 높게 잡고 돌출시켜서 전망을 좋게 하고 돌출시킨 주위에 연못을 만들거나 보기 좋은 수목으로 장식하여 생활 속에서 선인의 경지를 찾으려는 개인적인 공간이다. 위는 예천 권씨 종가의 사랑마루이다.

경북 월성 무첨당　조선시대 상류 계급 주택에 꾸며지는 누마루는 바닥을 높게 올려 시야를 멀리까지 연장시킬 수 있다. 이러한 구조적 특징은 천지인(天地人)을 일체화 하고 권위성을 나타내려는 유학적 사고 방식에서 나온 것이라 하겠다.

누정 건축 계획

궁궐의 누

궁궐의 누 건축 예는 경회루(慶會樓)를 통해 살펴볼 수 있다. 경복궁 안에 있는 경회루는 현존하는 누 건축에서 가장 뛰어난 걸작이다. 누 건축에서만이 아닌 한국 전통 건축 전반에서도 훌륭한 유산이다.

경회루는 주위의 공간과 함께 작용된 건축 계획 기법에서 뿐만 아니라 우리 민족의 생활 사상 및 건축 이념이 잘 반영된 작품이다. 곧 이러한 조형에서 인간으로서 자연의 한 구성 일원으로 자연에 귀착된 설계 이론을 추출할 수 있겠다.

임진왜란으로 파괴되었던 경회루는 고종 2년(1865)에 재건된다. 그때 정학순의 「경회루서(慶會樓序)」에서 경회루 설계 기법은 물론 우리 전통 생활의 일면을 배울 수 있다.

48개의 돌기둥을 세워서 35칸을 만들었다.… 중궁에서 보면 4방이 각각 4겹으로 둘러쳐져 있다. 이것은 마치 하도(河圖)와

경회루 전경　　경복궁 안에 있는 경회루는 현존하는 누 건축에서 가장 뛰어난 걸작일
뿐 아니라 한국 전통 건축 전반에서도 훌륭한 유산이다.

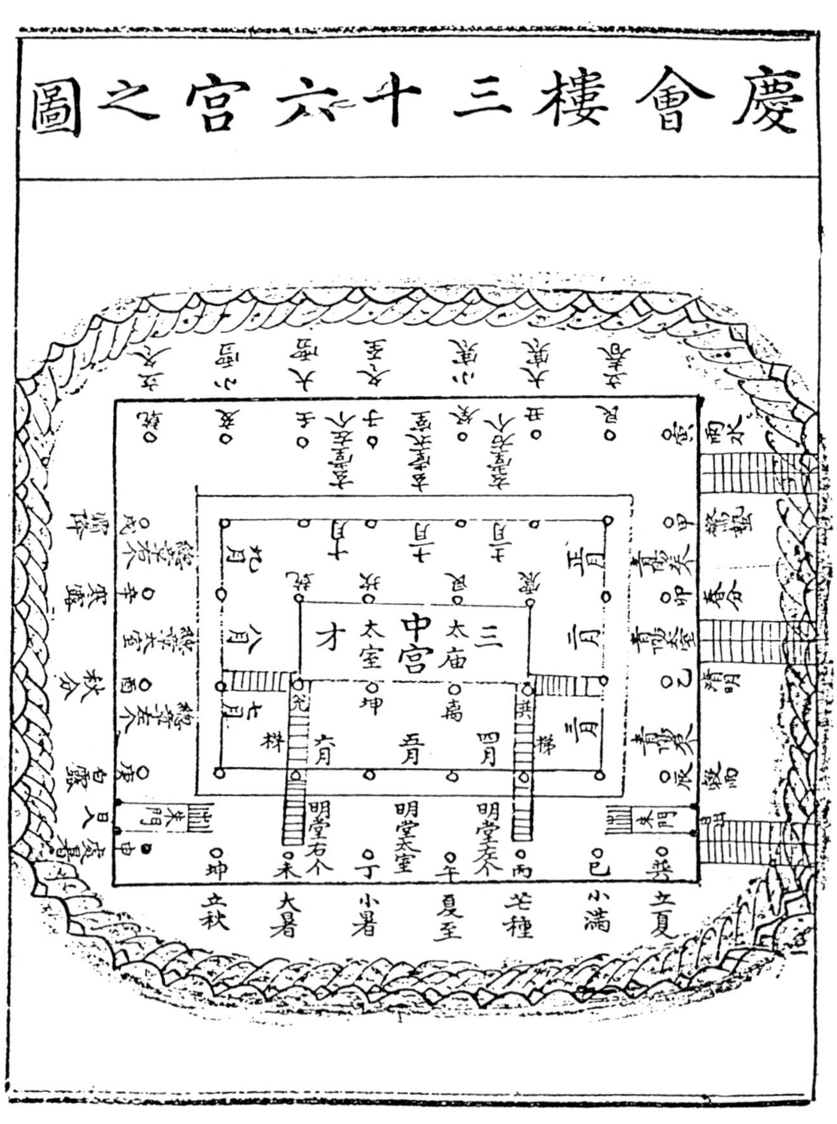

경회루 36궁 지도

같다.… 건물은 35칸의 구조이지만 36궁이라 명명함은 다음과 같은 이유에서이다. '지붕은 허(虛)로서 태극이라 불리는 모양을 얻게 되니 그것을 하나로 보느니라'고 해서 48개의 기둥으로 구성된 35칸과 지붕 위를 하나로 간주되므로 36궁이라 불린다.

왜 36궁을 고집하여 의미를 찾았는가에 대해서도 정학순은 기록하고 있다. "성인들은 64괘를 만들고 또한 36궁을 만들었다. 건곤감리(乾坤坎離)의 순서부터 이(離), 대과(大過), 중부(中部), 소과(小過)에 이르기까지는 변함이 없는 8개이며 둔(屯), 몽(蒙)부터 기제(旣濟), 미제(未濟)까지 그리고 그 반대되는 것이 28이다. 8과 28을 합치면 곧 36궁이 되는데 실제로 64괘는 모두 그 안에 있다"라고 하여 동양의 우주관(자연 구성관)이 기본으로 삼고 있는 역(易)의 원리에 기준한 해석을 이용하고 있다.

경회루의 가운데 중궁은 8개의 기둥으로 둘러 세워져 3칸을 구성함이 바로 기본 8괘를 의미하며 3간은 친지인 3재를 뜻힘을 제시했다. 그리고 경회루를 36궁으로 해석하는 수치도 8괘의 이치를 따라서 건(1), 태(2), 이(3), 진(4), 손(5), 감(6), 간(7), 곤(8)에서 8괘의 수를 합치면 36이 되고, 8괘가 뜻하는 고유 수치 곧 효(爻)로 하여도 건(3), 태(4), 이(4), 진(4), 손(4), 감(5), 곤(6)의 합이 36이 나옴을 가지고 그 의미를 부여하고 있다.

또한 "여기는 2층으로 되어 있는데 아래는 대(臺)이고 2층은 누(樓)이다"라고 건물의 기능적 형식을 규명해 주었다. 정학순은 경회루의 계획 의도 배경을 역(易)으로 해석하여 자연에 순응된 것임을 크게 강조한 셈이다. 천지인(中宮, 3칸), 일월성(日月星, 3개의 다리)부터 기둥 수, 칸수, 창수, 계단 수, 부재 길이까지 계절, 시간, 음양(陰陽) 및 역(易)의 원리를 적용하고 있음을 보여 준다.

경복궁의 서쪽에 자리잡은 경회루는 그 영역이 경복궁 본전이

30쪽 사진

되는 근정전보다도 크게 자리한다. 사각의 못 안에 2개의 섬과 경회루를 두고, 경회루에는 3개의 다리를 통해서 들어갈 수 있다.

정면 7칸, 측면 5칸의 팔작 기와지붕에 1층은 대(臺) 형식으로 높다란 돌기둥으로 하고 2층은 누 형식으로 된 목조 건축이다. 주위의 못은 넓어 호수와 같고 담장으로 구획되며 북쪽으로 북악산과 서쪽의 인왕산 그리고 주위의 수목과 함께 궁궐이라기보다 전원의 자연성을 당당하게 과시한다.

경회루를 둘러싸고 있는 못은 하늘을 그대로 옮겨 놓은 둥그런 못(池, 현재는 네모진 모양이다)이며 그 안에 네모진 터를 만들어 집을 세움은 땅(地)을 의미한다. 그러므로 하늘과 땅이 함께 하여 군(君)과 신(臣)이 선정을 하고 자연의 순리에 따른 정치를 꾀하고 자연 속에서 신선의 경지를 누리며 마음을 비우고 즐기고자 하는 누각임을 알 수 있다.

경회루 석난간(옆면)
경회루 원경 경복궁의 서쪽에 자리잡은 경회루는 그 영역이 경복궁 본전이 되는 근정
전보다도 크게 자리한다.(위)

경회루 2층에서 내려다본 계단　경회루는 정면 7칸, 측면 5칸의 팔작 기와지붕에 1층은 대(臺) 형식의 높다란 돌기둥으로 하고 2층은 누 형식으로 된 목조 건축이다.

경회루 기둥과 천장 익공계 양식을 한 겸허한 건축 구조인 듯하나 기둥과 창방에는
낙양각으로 장식하고 있다. 육중하고 높은 돌기둥 위에 목조 기둥과 계자난간이 주위
배경과 어우러져 선경을 이루는 경회루는 명실공히 누각 건축의 대표적인 걸작이다.

39쪽 사진

익공계 양식을 한 겸허한 건축 구조인 듯하나 기둥과 창방에는 낙양각으로 장식하고 있다. 육중하고 높은 돌기둥 위에 목조 기둥과 둘러쳐진 계자난간의 장식이 화강석과 물 그리고 하늘과 수목을 배경으로 선경을 이루는 경회루는 명실공히 누각 건축의 걸작 가운데 걸작이다.

김영상 선생의 「서울 육백년」에 경회루에 관한 많은 이야기를 소개하고 있다. "경회루에서는 사신을 위한 연희나 여러 신하들과 연회 이외에 혹 친시(親試)도 여기에서 베풀어졌고 혹은 무예 권장을 위한 관사(觀射)도 열렸으며 출사에 따른 친전연(親餞宴)이 베풀어지기도 하는 등 여러 가지 경사스러운 회연이 자주 있었다. 또한 부처님께 기도드리는 기불 독경(祈佛讀經)이 행하여졌을 뿐만 아니라 연못가에서 비를 빌던 기우제(祈雨祭)의 장소가 되기도 하였다"고 알려 준다.

경회루는 태종 12년(1412)에 창건하였다. 그 이전에는 조그만 누각이었던 것을 태조가 재창한 것이다. 거기에는 서울 남대문의 현판인 '숭례문(崇禮門)'을 쓴 양녕대군의 글로 된 현판이 걸려 있었

38쪽 아래 사진

다. 그러나 현존하는 것은 1876년 재창건 당시의 대신인 신헌의 글씨이다.

「신증동국여지승람」 1권에 경회루에 대한 기록이 있다. "경회루는 사정전 서쪽에 있으며 누 주위에는 못을 만들었다. 못은 깊고 넓으며 연꽃을 심었고 그 가운데 두 섬이 있다"라고 하는 하륜의 기문(記文)을 수록했다. 그 내용에 "우리 태조께서 이미 나라를 가지는 근본을 근정으로 삼아 다스렸고 또 경회를 근정의 근본으로 삼아 힘쓰시니 창수의 아름다움과 계술의 참이 성하기도 합니다. 능히 3대의 경회를 따라 3대의 치적을 이루어 영원한 세대에 규모를 물려 주고 무궁토록 큰 복(景福)을 누릴 것은 분명히 알 수 있습니다"라고 의미를 부각시켰다. 같은 책 '비고편' 제1권에서는 "성종

정유년에 유구국(琉球國) 사신이 서울에 들어와서 역관에게 말하기를 이번 길에 세 가지 장관(壯觀)이 있었다. 경회루 돌기둥에 새긴 용의 그림자가 푸른 물결, 붉은 연꽃 사이에 거꾸러지는 것이 그 가운데 하나이다"라고 기록하고 있다.

지금도 아름다운 곳이기는 하나 과거의 경회루가 가지는 의미와 느낌은 장관이었음은 물론 현실성을 탈피하여 신선의 세계로 유도되면서 마음을 비워 만민을 올바르게 길잡이할 임금과 신하의 정신 수련장이기도 했던 곳이다.

경회루의 분합문 사방의 문은 달아 올려서 개방하여 충분히 누의 기능을 살리도록 하였다.

경회루의 석주와 1층 바닥(맨 위)
경회루 현판(위)
경회루 정면의 전경(오른쪽)

성곽의 누

우리나라는 예부터 성곽의 국가라 할 만큼 많은 성곽이 도처에 있다. 개인의 집에 담장이 있듯이 나라에는 성곽이 있어 외적을 방어하였다. 성곽은 크게 도성(都城), 읍성(邑城), 산성(山城) 등으로 크게 나뉘며 축성 재료에 따라 토성(土城), 석성(石城), 토석성(土石城), 토석혼축성(土石混築城), 전축성(塼築城), 목책성(木柵城)으로도 구분된다.

성곽의 축조는 기본적으로 외적으로부터 방어라는 군사적 목적에서 이루어지지만, 백성의 기강을 다스리고 국가의 안녕과 질서를 유지하려는 통치자의 치국 이념(治國理念)의 산물이기도 하다. 특히 도성이나 읍성은 국가의 보위(保衛)뿐만 아니라 행정 체계와 치국의 질서 확립 등 중요한 행정적 기능을 수행하였다.

41쪽 사진
모든 성곽에는 성의 안팎을 연결하는 문이 있다. 사람이나 우마차 등은 이 문을 통하여 출입할 수 있었으며, 평소 성문은 열고 닫는 시간이 정해져 있었다. 「경국대전(經國大典)」 '병조 문개폐조(兵曹門開閉條)'에 따르면 도성의 대, 소문은 종루에서 울리는 인경 소리에 따라 한꺼번에 열리고 닫혔다. 5경 3점(五更三點)인 상오 4시쯤에 파루(罷漏)를 알리는 종이 울리면 도성문은 모두 열리고 1경 3점(一更三點)인 하오 7시경에 28번의 인경(人定)을 알리는 종이 울리면 한꺼번에 닫혔다. 이는 백성들의 활동과 휴식을 엄하게 다스리고 도성으로 출입을 통제하기 위한 제도였다.

우리의 성문은 중국의 성문처럼 절대적인 방위를 갖고 있지는 않지만 상대적으로 서로 대응하면서 지세에 맞추어 자리잡고 있다. 그러나 단순히 통로로서 통행의 편의뿐만 아니라 전투할 때 적의 공격력을 소모시키고 아군의 군사력을 증대시킬 수 있는 곳에 설치한다.

진주성문 성곽에 문루를 세우는 것은 일반적인 원칙이다. 대개가 육축을 쌓고 그 위에 문루를 세운다. 육축의 중심에는 홍예를 틀고 문을 만들며 홍예 상부의 천장에는 용을 그려 넣기도 한다.

동대문(흥인지문) 전경

수원성 팔달문 수원성의 팔달문과 동대문에는 옹성을 쌓아 성문을 더욱 튼튼하게 하였다. 중요한 문루를 중층으로 하여 좀더 높은 곳에서 적을 관측할 수 있는 구조로 통치자의 권위를 과시하는 문루이다.(위)

수원성 장안문의 판문 문루의 상층은 일반적으로 판문을 대는데 외부에는 총안을 중심으로 괴수의 얼굴을 그려 넣어 무섭게 보이도록 하거나 총안이 없을 때는 태극 무늬를 그려 넣기도 한다.(옆면 위, 아래)

특히 산성의 성문은 성문 밖의 지형이 급한 경사를 이루므로 골이 형성되거나 성문으로 접근하는 적을 공격하기 적당한 곳에 설치한다. 예부터 우리는 성문의 위치와 방위에도 풍수지리 해석을 통해 도성의 비보(裨補)를 위한 주술적 기능을 부여하기도 하였다. 숭례문의 현판을 세워 달고 동대문의 현판에는 산맥 모양의 '지(之)'자를 더하여 "흥인지문(興仁之門)"이라 판서(板書)하여 붙인 것도 이러한 사상에서 연유된 것이다.

반면에 성문은 적의 주요 공격 목표가 되기도 한다. 그러므로 성문을 방비하기 위하여 문추(門樞), 문판(門板), 철엽(鐵葉), 빗장(橫肩) 등을 튼튼히 하고 그 위에 문루를 세워 위엄을 과시하였다.

이와 같이 성곽에 문루를 세우는 것은 일반적 원칙이다. 대개가 육축을 쌓고 그 위에 문루를 세운다. 육축의 중심에는 홍예를 틀고 문을 만들며, 홍예 상부의 천장에는 용을 그려 넣기도 한다. 그러나 육축을 쌓지 않고 직접 누하주를 세워 문루를 받는 구조도 있다. 고창 읍성의 문루와 공산성 북문의 형태가 그러하다.

문루는 유사시에 장수의 지휘소가 되며 적을 빨리 발견코자 하는 감시의 장소이기도 하다. 일부 도성과 읍성에서는 중요한 문루를 중층으로 하여 좀더 높은 곳에서 관측할 수 있었으며 통치자의 권위를 과시하기도 하였다. 상층은 두꺼운 판문을 대고, 이 문에 '◌' 형태의 총안을 내어 위쪽에서 적을 내려다보면서 둥근 구멍으로 총이나 활을 쏠 수 있도록 하였다. 외부에는 총안을 중심으로 괴수의 얼굴을 그려 넣어 무섭게 보이도록 하거나 총안이 없을 때는 태극 무늬를 그려 넣기도 한다. 그러나 하층과 단층의 문루는 판문으로 막지 않고 그대로 개방시키는 경우가 많다. 이는 문루의 전면 성벽 위에 여장(女墻)을 쌓음으로써 외부에서 내부 공간이 가려지기 때문이다.

시각적으로 성곽의 문루는 육축에 의해 높은 위치에 세워지므로 전체적으로 육축과 여장, 지붕이 대부분을 차지하고 내부 공간은 노출되지 않는다. 이는 문루의 기능에 비추어 합리적인 형태로 지붕의 구조에서도 찾아볼 수 있다. 모든 문루들이 팔작 또는 우진각지붕을 취하고 측면 목재 부재의 노출이 많은 맞배지붕을 하지 않은 것도 이러한 이유이다.

문루의 규모는 정면 3칸, 측면 2칸이 대부분이나 숭례문, 팔달문 등과 같이 중층의 건물에서는 정면을 5칸으로 하기도 한다. 주칸이 일정치 않고 양쪽 협칸에 비하여 어칸이 훨씬 큰 것은 하부의 육축 구조에 비추어 당연한 것이다. 공포의 구조에 있어서는 현존하는 문루 대부분이 간단하고 튼튼한 익공식 구조를 한다. 그러나 숭례문, 홍인지문 및 수원 성곽의 남, 북문 등은 다포(多包)로 함으로써 장중하고 화려하게 꾸미고 있다. 이는 성곽의 문루가 단순히 기능적 측면만이 아니라 통치자의 권위를 상징하는 중요한 영조물임을 알 수 있게 해준다.

44쪽 사진

문경 제1관문(主屹關)

국도를 따라 문경읍 진안리에서 북쪽으로 계곡을 따라 올라가면 상리에 이름난 조령관문이 있다. 문경새재로 잘 알려진 이 재는 영남에서 소백산맥의 준령을 넘어 한양으로 가는 주요 도로로 예부터 이 재를 넘는다는 것은 쉬운 일이 아니었다. 서울과 영남 지방을 갈 때는 이 재를 넘어야만 비로소 안심할 수 있었던 것이다. 이곳은 조령천 양 기슭의 주흘산과 부봉, 조령산 등이 험준한 계곡을 이룸으로써 천연의 요새지를 하고 있다. 임진왜란 때 신립 장군이 이곳에서 적군을 막지 않고 달천의 탄금대에서 배수진을 침으로써 패망한 뒤 후회한 것은 유명한 일이다.

선조 때 천연의 지세를 이용하여 성을 쌓고 3개의 관문을 만들었다. 제1관문이 주흘관이며 거기서 더 올라가면 제2관문인 조곡관

(鳥谷關)과 제3관문인 조령관(鳥嶺關)이 있다.

제1관문인 주흘관은 여러 차례의 보수를 거쳤으나 옛모습을 거의 그대로 지니고 있다. 육축 가운데 홍예를 틀고 출입문을 냈으며, 성벽 한 쪽에는 물을 흘려보낼 수 있는 수구문이 있다. 정면 3칸, 측면 2칸의 문루는 전면에 벽돌로 여장을 쌓고 기둥의 높이를 다른 목조 건축보다 낮게 함으로써 적으로부터 내부 공간과 축부(軸部)의 노출을 피하였다.

특히 상부의 보를 받는 둥근 기둥 밖으로 사각의 장초석 위에 짧은 각주(角柱)를 이중으로 덧대어 지붕의 무게를 분담하는 것은 주목할 만하다. 이는 적의 화공(火攻) 등으로부터 문루를 방어하기 위한 세심한 배려이다.

현재 관문 일대는 주위의 뛰어난 자연 경관과 함께 도립 공원으로 지정되어 관광지로 각광받고 있으며, 양옆의 성벽은 당시의 계획적이고 치밀한 축성 기법을 엿볼 수 있는 중요한 자료이다.

문경 제1관문 제1관문인 주흘관은 여러 차례의 보수를 거쳤으나 옛모습을 거의 그대
로 지니고 있다. 특히 상부의 보를 받는 둥근 기둥 밖으로 사각의 장초석 위에 짧은
각주를 이중으로 덧대어 지붕의 무게를 분담하는 것은 주목할 만하다. (옆면)
문경 제3관문 제1관문에서 더 올라가면 나타나는 세번째 관문인 조령관이다. (위)

해미읍성(海美邑城) 진남문(鎭南門)

충남의 태안 반도에 자리잡고 있는 해미읍은 태종 14년(1414) 충청병마절도부가 이곳으로 이설(移設)된 뒤 효종 때(1651)까지 200여 년 동안 서해안 방어를 맡은 군사 중심지였다.

이 성은 성종 22년(1491)에 축성된 것으로 비교적 원형이 잘 보존되어 있다.

진남문은 읍성의 남문으로 정면 3칸, 측면 2칸의 규모로 되어 있다. 아래의 육축은 성 안에서는 출입구 상부에 장대석을 걸쳐 놓은 입 구(口)자 모양이나 외부에서는 상부를 둥글게 만든 홍예의 형태를 하였다. 밖에서 보기에 읍성의 권위를 과시하기 위함이다. 또한 바닥 전체에는 마루를 깔고 기둥은 팔각형 장초석 위에 주간에 비하여 낮게 세움으로써 수평적 비례감을 강하게 느낄 수 있다.

해미읍성　해미읍성은 1491년에 축성된 것으로 비교적 원형이 잘 보존되어 있다. 해미읍성의 각루들이다.(옆면, 왼쪽)

공산성 공북루(拱北樓)

공산성의 북문으로 선조 36년(1603)에 옛 망북루 터에 지은 것이다. 이 집은 높은 기둥을 세워 위에는 누마루를 깔고 아래는 통로로 사용하는 2층의 다락집 형태로 고창의 공북루와 비슷한 형태이다.

공산성 공북루　공산성의 북문으로 선조 36년(1603)에 옛 망북루 터에 지은 것이다. 이 집은 높은 기둥을 세워 위에는 누마루를 깔고 아래는 통로로 사용하는 2층의 다락집 형태로 고창의 공북루와 비슷한 형태이다.

정면 5칸, 측면 3칸의 규모로 각 칸의 간격은 일정하며 중앙 어칸에는 출입을 위한 문이 달려 있던 흔적이 있다.

성벽 아래는 금강이 자연적인 해자(垓字;성 밖으로 둘러서 판 못)를 이룸으로써 적의 접근이 어려울 뿐만 아니라 누 위에서 굽어보는 경관 또한 일품을 이루어 방어와 함께 주변 경승을 즐길 수 있는 곳이다.

52쪽 사진

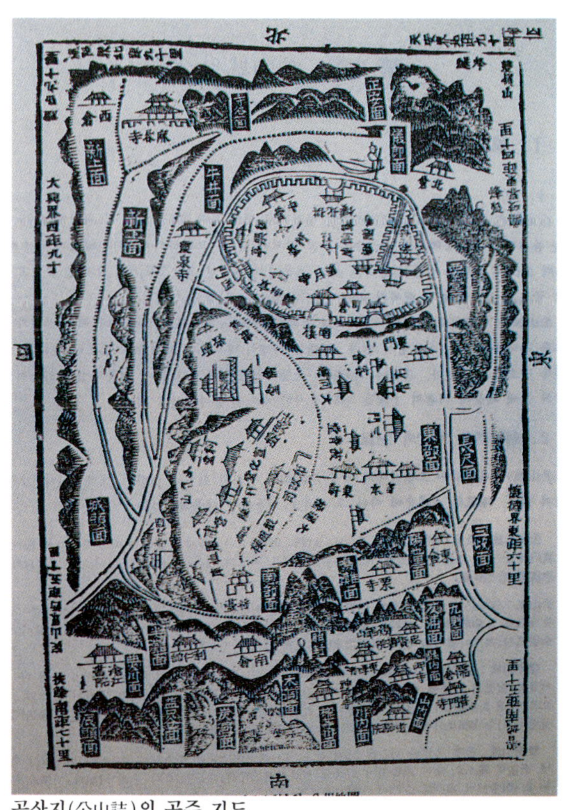

공산지(公山誌)의 공주 지도

포루와 각루

성곽에는 문루말고도 다른 누각 건물들이 존재한다. 성벽은 대개 직선으로 반듯하게 쌓지 않고 접근하는 적을 정면이나 측면에서 공격할 수 있도록 성벽을 돌출시켜 치성을 쌓는다. 치성 위에는 작은 누각을 세워 포루 또는 각루를 만든다.

포루는 그 안에 화포를 감추어 두었다가 적을 공격할 수 있는 포루(砲樓)와 화포는 장착하지 않고 군사들이 적에게 보이지 않도록 치성 위에 세운 포루(鋪樓)가 있다. 포루에는 포를 쏠 수 있는 포혈을 만들고 판벽에는 총안을 만든다. 주위에는 괴수의 얼굴을 그려

수원성 동북 포루(鋪樓)

넣어 총안을 위장하는 한편, 무섭게 보이도록 하여 적의 사기를
꺾으려 하였다.

또한 각루(角樓)는 이러한 방어적 기능뿐만 아니라 때로는 주위
의 경관을 즐기며 휴식할 수 있도록 성 안의 높고 경치 좋은 곳에
세우기도 한다. 특히 수원성의 동북각루인 방화수류정은 특이한 　　56, 57쪽 사진
건축적 형태와 함께 주변의 경관과 아름다운 조화를 이룬다. 비록
석축과 전돌로 쌓은 아래 성벽에 총구를 뚫은 성곽의 망루이지만
아래의 용연(龍淵)과 더불어 주변 환경을 즐기려는 의도에서 선조의
여유있는 삶을 느낄 수 있다.

수원성 북포루

訪花隨柳亭

수원성 방화수류정　각루는 방어의 기능뿐만 아니라 때로는 주위의 경관을 즐기며
휴식할 수 있도록 성 안의 높고 경치 좋은 곳에 세우기도 한다. 특히 수원성의 동북
각루인 방화수류정은 특이한 건축 형태와 함께 주변의 경관과 아름다운 조화를 이룬
다.(옆면, 위)

관아의 누

　중앙 집권제 국가의 형태를 지속해 온 조선시대에는 지방 관청에 소수의 중앙 관리를 파견하여 일정 기간 동안 업무를 관장하도록 하였다. 이러한 소수 엘리트 관리들의 임기는 지역과 시대에 따라 차이는 있었으나 대부분 1년을 기본으로 삼았던 것으로 보인다. 이러한 짧은 임기 동안 그 지방의 모든 곳을 순시하기란 어려운 일이었기 때문에 감사의 소재읍인 감영은 도정을 총괄하는 중심지 내지 감사의 순력(巡歷) 때 잠깐 휴식하는 곳으로 존재케 되었다.

　특히 이러한 휴식하는 곳이란 인식은 북방의 양계를 제외한 단신으로 부임하는 남부의 6도에서는 더욱 강했던 것이다. 접대의 형식을 중시한 조선시대에 지방에 파견된 중앙 관리의 숙소는 객사(客舍)였으며 이곳은 자연히 읍성의 중심이 되었다.

　조선시대 각도의 중요 읍성에는 반드시 객사를 건립하였는데 중심인 정당(正堂)에는 임금의 전패(殿牌)를 안치하였으며 동, 서익실(東西翼室)은 파견된 관리들의 숙소로 사용하였다. 그러나 현존하는 완전한 유구가 없고 관계 기록 또한 거의 없어 정확한 고증은 어려운 실정이지만 기존의 연구를 통해 보면 관아의 시설은 조선 후기부터 전국적으로 유사한 형식으로 갖추어지기 시작하였음을 알 수 있다.

　각도마다 감영을 명나라의 포정사(布政司)를 모방하여 감사의 근무처를 포정당(布政堂), 그 누문을 포정문(布政門)이라 명하였고, 감사의 기능이 '승류선화(承流宣化)' '징청(澄淸)'에 있다 하여 선화당(宣化堂), 징청각(澄淸閣)과 같은 도청의 대표적인 건물이 갖추어지게 된 것이다.

　읍성 교외의 경승지에는 객사에 부속된 누 건축을 만들어 접대와 휴식을 위한 장소로 사용하기도 하였다. 누의 형식이란 일반적으로 기둥이 층받침이 되어 마루가 높이 된 다락집을 말하고 그 기능으로는 휴식, 연회 등의 기능과 감시, 조망의 기능으로 대별해 볼 수 있는데 관아의 누도 이러한 두 가지 기능으로 나눌 수 있다.

감시의 기능이 강한 것이 각 관아의 문루인 아문(衙門)인 것으로 출입을 감시하고 통제하던 일종의 초소의 개념이 강한 것으로 전국적으로 많은 수의 유구가 남아 있다. 또 이러한 문루는 기록에 보면 세조 10년(1464) 서울의 주요 마을 앞에 이문(里門)을 세워 그 마을에서 가장 덕이 있는 사람이 이 문을 지켰으며 때때로 이(里) 안을 순찰하기도 하였다고 한 것으로 보아 각 고을마다 있었을 것으로 짐작된다.

지방의 경승지에 건립한 누는 휴식, 연회의 기능이 강한 것으로 전국적으로 몇 개의 유구가 남아 있는데 그 가운데 특징적인 것이 인공적인 조원 안에 누를 건립한 남원 광한루이며, 나머지는 모두 강을 낀 자연 암반 위에 건립된 것으로 밀양 영남루, 삼척 죽서루, 청풍 한벽루, 강릉 경포대기 있으며 북한에는 평양 부벽루, 강게 인풍루, 성천 강선루, 안변 가학루 등이 있다.

정읍의 피향정도 누에 속하지만 이전부터 조선 최고의 정자로 알려져 있고, 안동 영호루도 최근에 다시 건립되었으나 원래의 재료와는 다른 것으로 조성하였기에 제외하였다.

밀양 영남루(密陽 嶺南樓)

조선시대 밀양군의 객사였던 밀주관(密州館)에 부속되었던 누로 진주의 촉석루, 평양의 부벽루와 더불어 조선 3대 누의 하나로 불렸던 유명한 건물이다.

영남루는 추화산(推火山) 기슭의 절벽 위에 우뚝 솟아 아래로 유유히 흐르는 낙동강의 지류인 밀양강(일명 성천강)과 절묘한 조화를 이룬다.

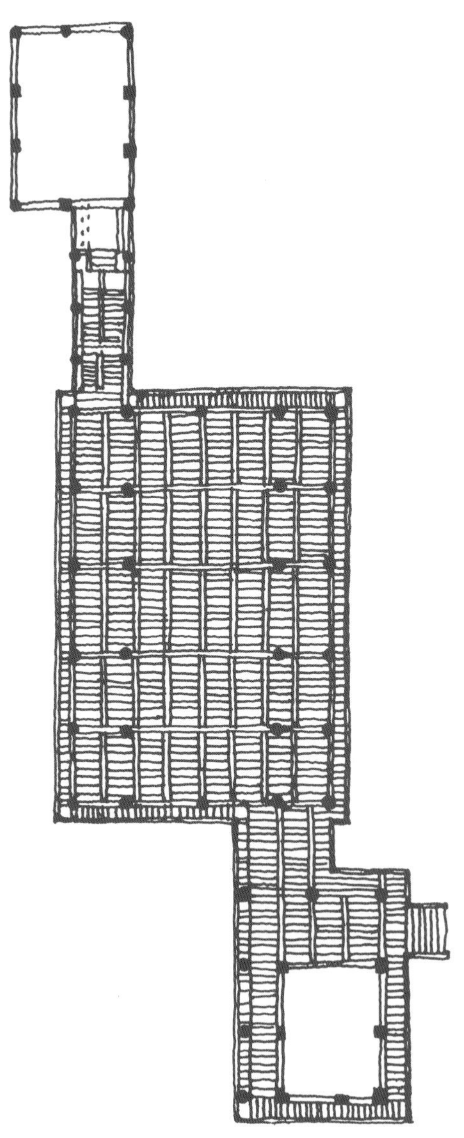

밀양 영남루 평면도 좌우에 위치한 두 개의 건물과 층계로 된 월랑과 헌랑으로 연결되어 전체적으로 조화와 변화를 추구한 선조의 탁월한 솜씨를 느끼게 한다.

밀양 영남루 내부 보물 147호로 지정된 이 누는 정면 5칸, 측면 4칸의 팔작지붕을
한 중층 누각이다. 또한 익공계 양식의 건축으로는 가장 쇠서가 많은 3익공계 건물로
조선시대 목조 건축 양식사에서도 아주 중요한 건물이다.

　　이처럼 대부분의 유명한 누와 마찬가지로 강가의 절벽 위에 위치한 이 누는 좌우에 위치한 두 개의 건물과 층계로 된 월랑과 헌랑으로 연결되어 전체적으로 조화와 변화를 추구한 옛 선조의 탁월한 솜씨를 느끼게 한다. 영남루는 예부터 시흥과 감개를 절로 일으키게 했던 이 지방의 명물로, 밀양 팔경 가운데 으뜸으로 꼽혔던 것이 영남루의 가을 달(嶺南樓秋月)이었으며, 영남루를 끼고 돌아가는 밀양강의 석양(密陽江夕照) 또한 밀양 팔경 가운데 하나였다.

　　영남루가 위치한 이곳은 신라 법흥왕 때는 사찰이 있던 곳이었으나 고려 현종 때에 절을 없애고 누를 건립하였다고 하며 예종 때부터 영남루라 불렸다고 한다. 그 뒤로 여러 차례에 걸쳐 피해와 중수, 중건 등이 이루어졌으며 현존 건물은 조선 헌종 8년에 불탔던 것을 2년 뒤인 1844년 부사였던 이인재가 재건한 것이다.

　　보물 147호로 지정된 이 누는 정면 5칸, 측면 4칸의 팔작지붕을 한 중층 누각이다. 또한 익공계 양식의 건축으로서는 가장 쇠서가 많은 3익공계 건물로서 조선시대 목조 건축 양식사에서도 중요한 위치에 속하는 건물이다.

삼척 죽서루(三陟 竹西樓)

　　죽서루는 두타산의 깊은 숲속 층암 절벽 위에 위치하여 그 아래로 굽이쳐 흐르는 오십천(五十川)의 힘찬 강물이 이루는 소(沼)와 기암 절벽이 어우러져 절경을 이룬다. 관동 팔경 가운데 칠경이 모두 바닷가에 있거나 바다가 바라보이는 곳에 위치한 데 반해 죽서루만은 예외로 동쪽으로 산을 넘어서야만 바다를 볼 수 있는 곳에 위치했다. 그럼에도 불구하고 관동 팔경 가운데 하나로 부르는 것은 죽서루만이 갖는 특별함이라 하겠다. 또 이 죽서루를 중심으로 하여 부근의 풍경을 견주어 "죽서루 8경(竹西樓八景)"이란 말이 나올 정도이니 가히 그 풍광이 짐작이 간다.

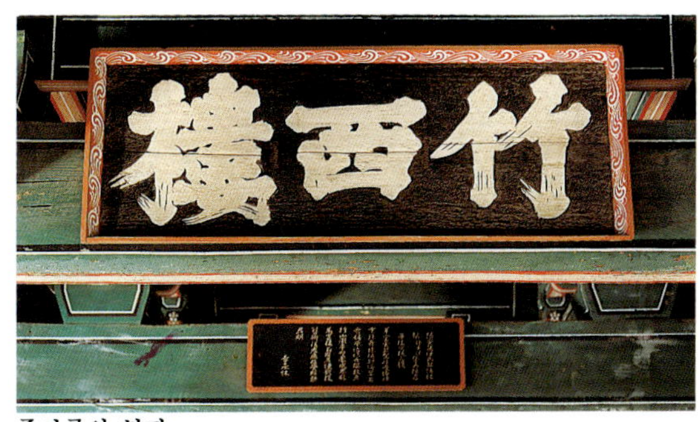
죽서루의 현판

　누 동쪽에는 죽장사(竹藏寺)라는 절이 있었고, 당대의 명기(名妓)였던 죽죽선녀(竹竹仙女)가 뛰놀던 집이 있었다 하여 죽서루란 이름이 붙었다고 전해지는 이 누는 고려 충렬왕 원년(1275)에 학지인 이승휴(李承休;1224~1300년)가 벼슬을 버리고 이곳 두타산 아래 은거힐 때 칭긴하였다고 한다.

　조선 태종 3년(1403)에는 삼척부사로 부임한 김효손(金孝孫)에 의해 중건되었으며, 이후 조선 후기까지 여러 차례에 걸쳐 수리가 행해져 변형이 심하다.

　보물 213호로 지정된 이 건물은 정면 7칸, 측면 2칸의 중층 팔작 기와지붕으로 좌우 각 1칸은 공포 형식이 달라 후대에 덧댄 것으로 추정되며, 지붕 형식도 처음에는 맞배지붕이었던 것으로 짐작된다. 자연 암반을 초석삼아 암반 높이에 맞춰 기둥을 세웠기 때문에 하층 기둥의 수가 상층에 비해 적다. 누각 정면에는 "죽서루(竹西樓)" "관동제일루(關東第一樓)"라는 현액이 걸려 있으며 "제일계정(第一溪亭)"이란 현액도 있어 주위 환경에 대한 적절한 비유가 된다.

　현재는 죽서루와 성남리를 잇는 출렁다리가 걸려 있어 묘한 조화를 이뤄 새로운 풍광을 보인다.

64쪽 사진

65쪽 사진

삼척 죽서루 내부 가구 보물 213호로 지정된 이 건물은 정면 7칸, 측면 2칸의 중층 팔작 기와지붕으로 좌우 각 1칸은 공포 형식이 달라 후대에 덧댄 것으로 추정되며 지붕 형식도 처음에는 맞배지붕이었던 것으로 짐작된다.

삼척 죽서루 전경   자연 암반을 초석삼아 암반 높이에 맞춰 기둥을 세웠기 때문에 하층 기둥의 수가 상층에 비해 적다. 누각에는 "죽서루" "관동제일루" "제일계정"이라는 편액이 있어 주위 환경에 대한 적절한 비유가 되고 있다.

강릉 경포대　정면 6칸, 측면 5칸의 팔작지붕 건물인 이 누는 원래 고려 충숙왕 13년 (1326)에 신라의 4선이 노닐던 방해정 뒷산 인월사 옛터에 창건하였던 것을 조선 중종 3년(1508)에 강릉부사이던 한급이 지금의 위치로 이건하였다.

강릉 경포대(江陵 鏡浦臺)

거울처럼 맑고 잔잔한 경포 호반 서북쪽 언덕 위에 위치한 경포대는 관동 팔경 가운데 으뜸으로 꼽을 만큼 뛰어난 풍광을 보여 준다. 경포대 아래는 강물과 바닷물이 함께 어우러져 묘한 조화를 이루고 있으며, 경포 호수 기슭의 노송과 그 위를 한가로이 오르내리는 물새는 경포대와 어우러져 경치를 더욱 빛내고 있다.

이러한 절경 때문에 이전부터 많은 시인, 묵객들이 이곳을 즐겨 음송하여 "경포대에서는 4개의 달을 볼 수 있다"고까지 노래하였다. 동해에 밝은 달이 뜨면 바닷속에도 하나의 달이 있고, 호수에도 달이요 그리고 술잔에도 달이 뜨니 모두 4개의 달이 되고 또 둥근 달말고도 달기둥(月柱), 탑처럼 느껴지는 달그림자(月塔), 달의 물결(月波)이 생긴다고 노래할 정도로 이곳의 일출과 월출은 가히 절경이다.

정면 6칸, 측면 5칸의 팔작지붕 건물인 이 누는 원래 고려 충숙왕 13년(1326)에 신라의 4선(四仙)이 노닐던 방해정(放海亭) 뒷산 인월사(印月寺) 옛터에 창건하였던 것을 조선 중종 3년(1508)에 강릉부사이던 한급(韓汲)이 지금의 위치로 이건하였다. 그 뒤로 여러 번 중수되었는데 지금의 건물은 1962년에 중수한 것으로 강원도 유형문화재 6호로 지정되어 있다.

66쪽 사진

청풍 한벽루(淸風 寒碧樓)

청풍 명월의 고장인 충청도에서도 경승지로 이름난 구담봉에서 제천 쪽으로 가면 강심에 우뚝 솟은 청풍대교 조금 못미친 물태리에 청풍문화재단지가 건설되어 있다.

충주댐 건설로 인해 수몰될 처지에 있던 청풍면 소재지 일대의 문화재를 1984년과 1985년에 걸쳐 모두 이곳으로 이건한 것이다.

한벽루 또한 이때 이건된 것으로 원래 청풍현 읍내리에 있던 것으

청풍 한벽루 관아 부속 건물로 정면 4칸, 측면 3칸에 3칸의 익랑이 접속된 다락집이다. 현재의 건물은 인조 12년(1634)에 중건한 것이다. 측면에 익랑이 부속되므로 전체적으로 건물의 길이가 과장되어 보인다.

로 고려 충숙왕 4년(1317)에 청풍현 출신의 스님 청공이 왕사가 되자 군으로 승격되면서 세운 관아 부속 건물이다. 정면 4칸, 측면 3칸에 3칸의 익랑이 접속된 다락집으로 현재의 건물은 인조 12년(1634)에 중건한 것이다. 측면에 익랑이 부속되므로 전체적으로 건물의 길이가 과장되어 보이며, 앞서 기술한 누들에 비해 그 규모도 작은 편에 속한다.

68쪽 사진

누각에 있는 '중수기'를 살펴보면 이 누가 갖는 건축적 의미를 추측해 볼 수 있다. 태종 6년(1397)의 중수기에서 하륜은 "누정을 수리한다 함은 수령의 공무 가운데 맨 마지막의 일이지만 누정의 아낌과 버림은 실제로 올바른 행정과 관계가 있어, 누정의 성쇠로써 그 지방의 단란하고 불안함과 행정 역량의 수준까지도 알 수가 있다"고 기록하고 있다. 또 인조 연간의 '중수기'에는 "건물 방식이 시대와 부합되며 이 건물은 숭성 연산의 건축 양식을 잘 갖추었다"고 기록되어 있다. 한벽루는 현재 보물 528호로 지정되어 있다.

이곳 청풍문화재단지에는 지방유형문화재로 지정된 3개의 누가 이건되어 있다. 지방유형문화재 20호인 금남루(錦南樓)는 청풍부의 아문이었으며, 34호인 금병헌(錦屛軒)은 명월루(明月樓)라고도 부르는데 청풍도호부 때의 건물로 알려져 있고, 35호로 지정된 팔영루(八詠樓)는 청풍의 관문이었던 것으로 원래 현덕문(賢德門)이었으나 고종 연간에 팔영루라 불리게 되었다.

남원 광한루(南原 廣寒樓)

광한루는 앞서 서술한 관아의 누들과는 달리 인공적인 조원 속에 건립된 누로서 특이한 예에 속한다. 이러한 예로 경회루, 주합루가 여기에 속한다. 조선시대 명정승으로 이름높은 황희 정승이 이곳 남원에 유배와서 1418년에 현재보다 규모가 작은 누를 지어 광통루라 한 데서 유래하는 광한루는 인공 조원 속에 건립되었다.

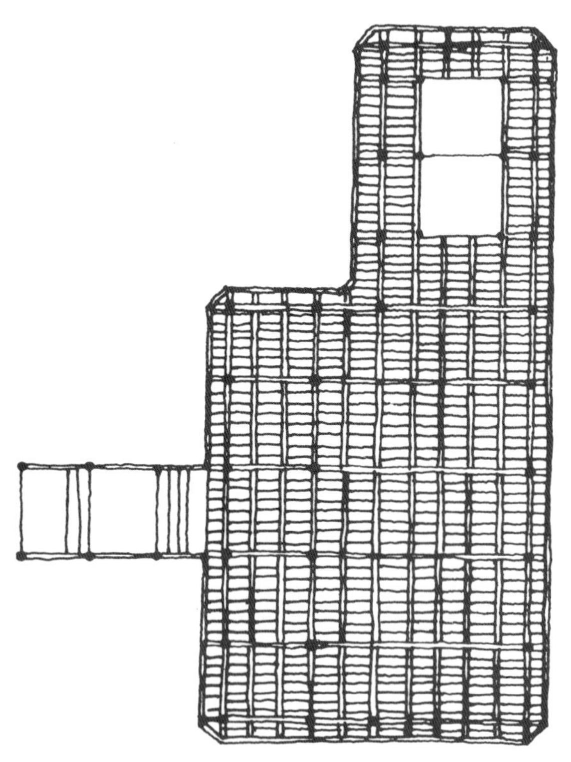

남원 광한루 평면도(위)
남원 광한루원 「춘향전」의 무대로 유명한 광한루를 비롯한 주위 21,780평방 미터의
  광한루원은 사적 303호로 지정되어 있다.(옆면)

광한루는 정면 5칸, 측면 4칸, 팔작지붕의 2익공계 다락집으로 동쪽에 3칸의 부속 건물이 붙어 있고 북쪽에 계단을 3칸 두어 4면의 입면 모두 약간씩 다른 모습을 하고 있는 아름다운 건물이다.

이 누는 초창 이후 수차에 걸쳐 개조되었다. 그 과정을 살펴보면 1434년 남원부사인 민여공이 증축하였고 광한루라 불리게 된 것은 1444년 전라관찰사 정인지에 의해서였다. 광한루란 말은 달 속의 선녀가 사는 월궁의 이름인 광한전의 '광한청허루'에서 따온 말이다. 1461년 신임부사인 장의국이 요천강(蓼川江) 물을 끌어다 연못을 조성하고 4개의 홍예로 구성된 오작교를 화강암과 강돌로써 축조하여 월궁의 모습을 갖추기 시작하였다.

1584년 송강 정철에 의해 수리가 행해지고 봉래, 방장, 영주의 삼신산을 연못 속에 축조하여 광한루, 오작교와 더불어 월궁과 같은 선경을 상징케 되었다. 그 뒤 정유재란으로 전소된 것을 인조 16년(1638)에 중건하여 현재에 이른다. 조선 후기에 유행했던 「춘향전」의 무대로 유명한 이 광한루를 비롯한 주위 21,780평방 미터의 광한루원은 사적 303호로, 광한루는 보물 281호로 지정되어 있다.

진주 촉석루(晋州 矗石樓)

진주시 한복판을 흐르는 남강을 굽어보며 기암 절벽 위에 자리잡은 촉석루는 원래 진주성의 주된 장대(將臺)로 위치로 보아 남장대(南將臺)가 되는데 고려 말 부사 김중광(金仲光) 등이 창건하였으며 그 이름은 "강중의 돌이 높이 솟아 있다(江中有石矗矗)"에서 생긴 것이라 한다. 평양의 부벽루, 밀양의 영남루와 더불어 조선 3대 누로 불렸으나 임진왜란과 한국 전쟁 때 불탄 것을 1960년에 재건하는 과정에서 과거의 모습과는 약간 달라졌다. 현재 정면 5칸, 측면 4칸의 팔작 기와 다락집으로 이곳에서 강 건너에 있는 대나무숲은 뛰어난 풍광을 연출하여 과거의 일면을 엿볼 수 있다.

진주 촉석루 전경　진주시 한복판을 흐르는 남강을 굽어보며 기암 절벽 위에 자리잡은 촉석루는 원래 진주성의 남장대(南將臺)가 된다.

진주성문과 촉석루

동래 망미루(東萊 望美樓)
　　지금 동래 금강공원에 옮겨져 있는 독진대아문(獨鎭大衙門)은 원래 동래부사청의 동헌 출입문이었는데 그 오른쪽 기둥 위에 걸려 있는 '교린연향위사(交隣宴餉慰司)'란 현판이 대일 선린 외교를 말해 준다.

동래 망미루　"동래도호아문(東萊都護衙門)"이란 현판이 걸려 있는 누 건축이다.

사찰의 누

발생과 변화

삼국시대 한반도에 들어온 불교는 석가모니의 사리를 봉안한 탑을 중심으로 한 가람 배치가 주종을 이루어 오다가 통일신라시대에 들어오면서 불상을 모신 금당이 가람의 중심이 되고 탑은 서서히 분화되면서 축소되기 시작한다.

불교 교리의 변천은 불교 의식의 변화를 가져오게 되며 곧 가람 구성에 영향을 미치게 된다. 또한 의식의 변화는 기능의 변화를 의미하며 건물의 용도가 바뀌게 되어 가람을 구성하는 건축물에 많은 변화를 가져오게 된다. 통일신라 후기에 중국에서 도입된 선종은 기존의 교종과는 달리 개인의 구도 곧 내적 성찰에 더욱 큰 비중을 두게 되며 이에 따라 사찰의 경영도 평지 곧 복잡한 도심지에서 벗어나서 조용한 자연과 벗하며 구도의 길을 걸을 수 있는 구릉이나 산지로 옮겨져 이루어지게 된다.

이에 따라 기존의 평지 사찰에서 나타난 중문, 탑, 금당, 강당 및 회랑의 구성은 구릉이나 산지 등의 경사지에서는 새로운 모습의 배치 형태로 나타나 고려시대에 이르러서는 중문의 위치에 누문(樓門)이 세워지고 중문과 강당을 연결하여 탑과 금당의 영역을 구별하여 주던 회랑은 그 모습을 감추게 된다.

이같은 가람의 구조는 조선시대에는 억불책과 임진왜란, 정유재란과 병자호란 등으로 인한 사원 경제의 피폐와 이에 따른 가람 규모 축소 등의 결과로 중정을 중심으로 하는 본당과 누문, 좌우 승방과 요사채의 구성인 전형적인 조선시대 가람 배치의 유형이 되었다.

이와 같이 사찰의 누는 불교 교리와 의식의 변화 그리고 이에 의한 자연 환경과의 적응 등에 의하여 중층의 누문 형식으로 자연스럽게 발생, 변화되어 그 형태를 이루게 되었다.

파계사 진동루   사찰의 누문은 불교적 의미로서의 위계를 나누어 줄 뿐만 아니라 고대 가람에서 예불의 기능을 가지고 있었던 중문이 고려시대 이후 산지 가람에서 누문화 되어 사찰별로 다양한 용도로 사용하게 되었다.

상징과 기능

구릉이나 산지 가람에서의 문들은 사찰 안으로 들어오면서 전개되는 높이의 차와 사찰 중심 공간인 본당 앞의 중정에 더욱 가까워지면서 공간의 상하를 연결하는 결절점의 역할을 한다. 초입에서 금강문(金剛門), 천왕문(天王門), 해탈문(解脫門) 등의 중문을 지나 누문(樓門)을 들어서면 본당을 비롯한 평탄한 중정 마당이 눈앞에 펼쳐진다.

종교 건축에서는 기능(機能)에 의한 공간의 나눔뿐만 아니라 종교상의 내면적 질서 곧 위계(位階)에 따른 공간의 나눔을 가지게 된다. 결국 불교 사찰에서의 누문은 대웅전을 비롯한 중심 예불의 영역을 나누는 최후의 결절점이자 관문으로서 이를 통과하는 것은 곧 속진(俗塵)을 벗어버리고 온갖 번뇌 망상(煩惱妄想)을 뒤로 하여 오로지 부처의 세계로 들어왔음을 의미함이요, 신중단(神衆壇) 곧 하단(下壇)을 지나 성불(成佛)의 단계에 이르고자 하는 보살단(菩薩壇)인 중단(中壇)에 이르렀음을 상징하는 것이다.

이처럼 사찰의 누문은 불교적 의미로서의 위계(位階)를 나누어 줄 뿐만 아니라 고대 가람에서 예불의 기능을 가지고 있었던 중문이 고려시대 이후 산지 가람에서 누문화되어 사찰별로 다양한 용도로 사용하게 되었다. 현존하는 산지 사찰에서 누문의 기능을 크게 구분하면 출입구의 기능과 함께 강당(講堂), 승방(僧房), 사찰 사무(寺刹事務), 선방(禪房), 전망(展望) 등의 기능으로 사용되며 종루(鐘樓)와 고루(鼓樓)의 기능을 겸하기도 한다.

78쪽 사진

건축 양식적 특징

평면(平面) 누문의 아랫부분은 주로 열주로 구성되는 피로티 부분으로 중정을 향한 통로로서의 역할을 한다. 누문 아랫부분을 통한 진입은 대웅전 등 본당을 멀리서부터 직접 노출시키지 않는다. 곧 누문의 건물로 차단시킨 다음 어두운 누 밑을 지나 좁은 계단으로 오르면 시계(視界)가 갑자기 터지면서 본당을 극적으로 눈앞에 전개시키는 방법이다.

이러한 누문을 통한 진입 방법은 사찰의 위치가 산지에 조영되면서 경사지를 이용한 효율적인 배치 형태에서 발생되었으나 나중에는 후기 사찰의 유형 가운데 하나로 정착되었다. 곧 평탄한 대지에 조영되는 사찰에 있어서도 누를 설치하여 누 아래를 통하여 중정에 진입하는 방법이 사용되기도 한다(용주사 보제루, 은해사 보화루, 금산사 보제루 등).

누를 지나는 방식으로는 누 밑을 관통하여 들어가는 누하 진입과 누의 좌우로 돌아 들어가는 우회 진입 방식으로 크게 구분할 수 있으며, 이를 다시 세분하여 누문에 진입하는 방식에 따라 평면의 유형을 분류하면 첫째, 누문의 윗부분인 마루 부분의 일부를 통용구(通用口)로 하는 방식과(부석사 안양문, 봉정사 덕휘루, 쌍계사 팔영루, 용문사 해운루 등) 둘째, 윗부분의 마루 밑을 거쳐서 누하 진입을 이루는 방식(해인사 구광루, 전등사 대조루, 용주사 보제루 등) 그리고 셋째, 누의 좌우로 우회하여 진입하는 방식(수타사 흥화루, 불갑사 만세루, 범어사 보제루 등)으로 구분하여 볼 수 있다. 누하 진입을 할 경우 통로로 쓰이는 중앙칸 이외의 나머지 칸은 산지 사찰의 경우 석축이 연장되어 폐쇄되어지거나 아니면 모두 개방시켜 놓는 경우가 있으며, 우회 진입의 경우에는 아랫부분의 모든 칸을 막아 창고로 사용하는 경우가 많이 있다.

입면(立面) 누문의 정면 칸수는 주로 3칸, 5칸, 7칸 등 홀수를 사용하며 상층의 벽면은 폐쇄 여부에 따라 다음과 같이 분류할 수 있다.

첫째, 사면이 폐쇄된 경우와(해인사 구광루, 범어사 보제루, 불갑사 만세루 등), 삼면은 폐쇄되고 중정을 향한 방향만 개방된 경우로

서(화암사 우화루, 선운사 만세루, 장곡사 운학루 등) 이는 사찰의
성격에 따라 사찰 경영이 복잡하게 확대되면서 전천후 실내 공간의
요구가 증대되었으며 누문에서는 강당으로서의 기능이나 사찰 사무
를 보는 곳으로 뿐만 아니라 때로는 승방, 선방으로까지 사용된다.
이런 이유 등으로 해서 누문은 형태의 변화를 첨가하게 되어 상부의
누대 부분에 사면을 벽과 창호 등으로 막아 완전히 실내 공간으로
활용하거나 중정에 면한 부분만 개방시켜 반 실내 공간으로서의
기능을 부여하기도 한다.

82, 83쪽 그림

불갑사 만세루 누의 좌우로 우회하는 방식의 누 건축으로 사면이 폐쇄되었다.

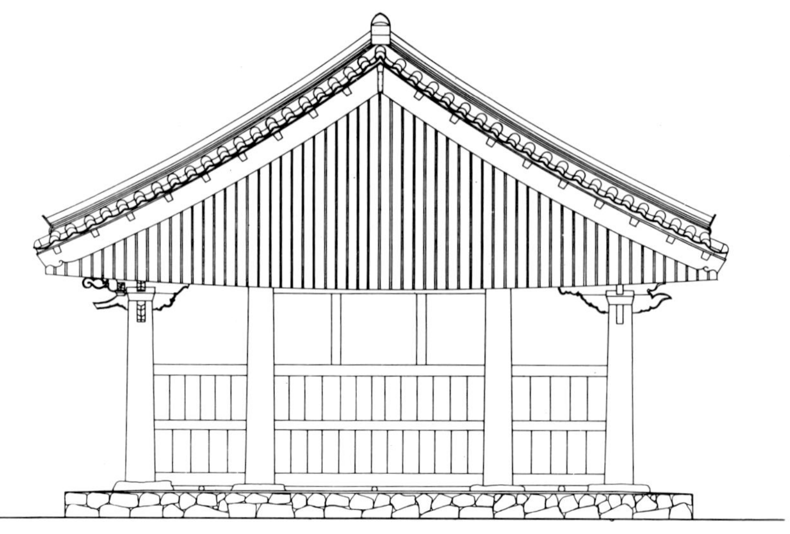
0
1
2
3M

7.660
312
1.930
1.900
1.900
1.930
1.080
1.420
930
7.500
4.070

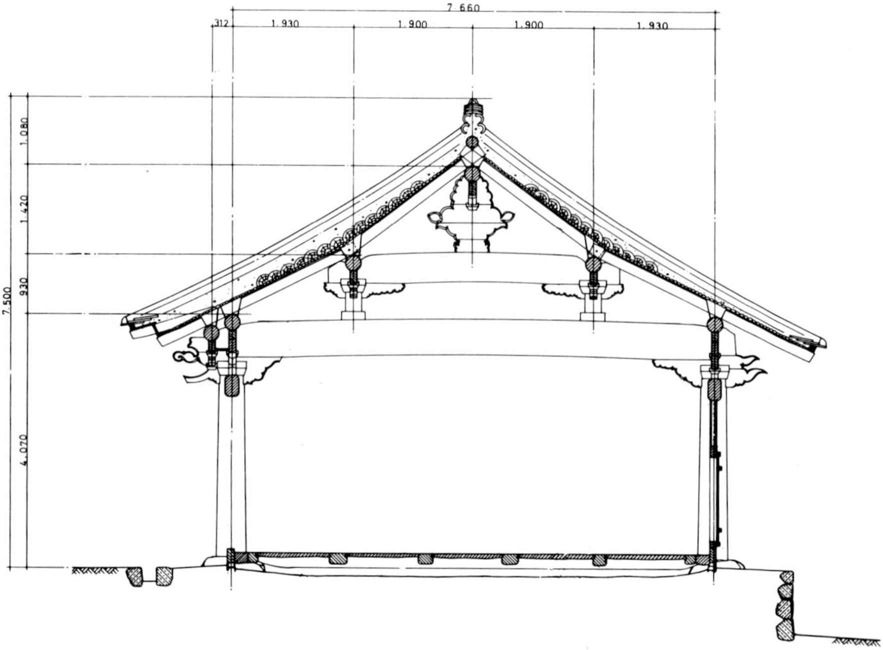

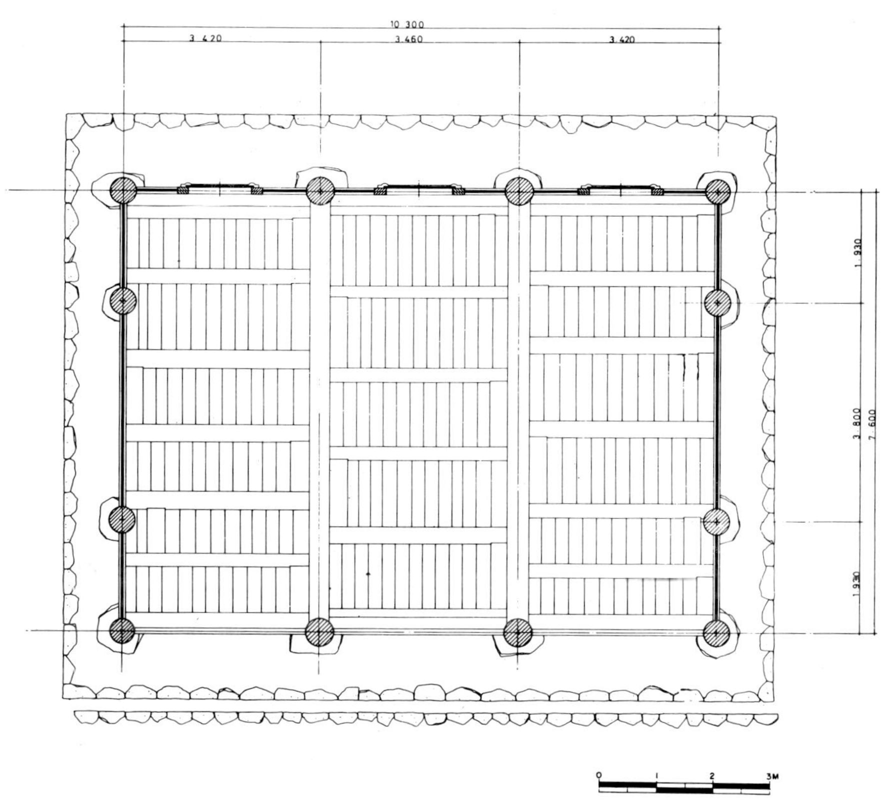

장곡사 운학루 서측면도(옆면 위)
장곡사 운학루 종단면도(옆면 아래)
장곡사 운학루 평면도 누를 지나는 방식 가운데 누의 좌우로 돌아 들어가는 우회 진입
  방식의 누이다. 이러한 진입의 경우에는 아랫부분의 모든 칸을 막아 창고로 사용하는
  경우가 많다. (위)

선운사 만세루　삼면이 폐쇄되고 중정을 향한 방향만 개방된 경우의 누 건축이다. 이는 강당이나 사찰 사무를 보는 곳의 기능뿐만 아니라 선방, 승방으로까지 사용되는 전천 후 실내 공간의 영역 확대를 의미한다.

선운사 만세루 내부 전천후 실내 공간이 필요함에 따라 누문은 형태가 변하여 상부의
누대 부분에 사면을 벽과 창호 등으로 막아 활용하였다.

봉정사 만세루 내부 누문의 윗부분인 마루 부분의 일부를 통용구로 하여 누 아래로 진입하는 방식이다.

내소사 봉래루 현판

내소사 봉래루 주춧돌

86쪽 사진

둘째, 사면이 모두 개방된 경우로서(부석사 안양루, 봉정사 덕휘루 등) 이는 특정한 목적을 가진 하나의 실(室)로서의 기능보다는 종루나 고루 그리고 전망을 겸한 기능을 가진다. 일반적인 산지 사찰의 경우 범종은 별도의 종각을 설치하여 독립시키지만 법고나 목어 등은 누문의 상층에 설치하여 놓는다. 범종, 법고, 운판, 목어 등을 통틀어 불전용 사물이라고 하며 이 사물은 모두 부처님께 예불을 드릴 때 사용되는 물건들로서 소리로 불음을 전파하되 범종은 지옥의 중생을 구제하기 위함이요, 법고는 허공의 중생을 구제하며, 운판은 천상의 중생을 그리고 목어는 수중의 중생을 구제함을 의미한다.

이와 같이 누문은 경사진 산지 사찰의 경우에는 사방을 모두 개방시켜 법고와 목어 등을 걸어 놓아 조석 예불 때 의식에 사용하며, 평소에는 조망 등을 목적으로 세워진다. 비교적 경사가 급하지 않은 산지 사찰의 경우에는 사면 또는 삼면을 막아 강당이나 종무소, 또는 정기 법회 때의 강연장으로 사용된다.

사찰 누의 예

89쪽 사진

불국사(佛國寺) 범영루(泛影樓) 불국사는 신라 법흥왕 15년(528)에 창건되어 경덕왕 10년(751)에 당시의 재상인 김대성(金大成)의 감독으로 중창되었는데 배치의 뼈대와 현재 남아 있는 석조 유물들이 이 당시에 완성되었다고 전한다. 임진왜란 이후 40여 차례의 중수를 거친 끝에 1972년의 대대적인 보수 공사로 현재의 모습을 유지하고 있는 불국사는 감은사와 함께 전형적인 통일신라시대의 구릉 2탑식 가람 배치를 하고 있는 사찰이다.

이 사찰은 그 이름처럼 부처님의 나라 곧 불국토(佛國土)를 형상화시켜 지상에 구축한 천상의 절이라 할 수 있다.

대웅전이 있는 중심 공간은 청운교와 백운교의 다리를 지나 중문

鶴駕庵

인 자하문에 이르고 이 문을 지나면 중정에 석가탑과 다보탑이 서로
마주 서 있다. 중문에서 대웅전 그리고 그 뒤의 무설전까지 회랑으
로 구성되어 있으며 자하문을 중심으로 하여 좌우의 날개 부분에
좌경루(左經樓)와 범영루가 있다.

범영루는 문자 그대로 그림자를 드리우는 누로서 현재에는 복개
되어 있지만 청운교, 백운교 앞마당에 있었던 타원형 연못인 구품연
지(九品蓮池)에 투영되어 보이는 모습은 아스라이 퍼져나가는 운무
속에 떠 있는 천상의 집으로서의 모습을 하였으리라 상상된다.

범영루를 떠받치고 있는 기단부는 층층이 조적 기법을 달리하고   90쪽 사진
있어 하부에서 상부로 올라가면서 자연석 석축 기단과 가구식의
기단 그리고 마치 공포를 조립한 듯한 석주의 3부로 구성되어 있어
당시 장인들의 뛰어난 축조술의 면모를 엿볼 수 있다. 또한 이러한

기단의 3부 구성은 불국토로 들어가는 과정을 암시하는 것으로 이해되어 조적식의 석축 기단은 이 땅의 중생이 여러 가지 번뇌를 참고 나아가야 하는 사바 세계(娑婆世界)를 상징한다. 또 그 위의 가구식 기단은 수미산 중턱의 4층급을 주처(住處)로 하여 수미(須彌)의 4주를 수호하는 사천왕(四天王)을 그리고 범영루의 기둥을 받치고 있는 석주는 4주 세계의 중앙인 금륜(金輪) 위에 우뚝 솟은 수미산(須彌山)을 의미한다.

범영루는 수미산의 정상부에 위치하여 불법과 이에 귀의하는 사람을 보호하며 아수라의 군대를 정벌하는 제석천(帝釋天)을 상징하는 것으로서 수미산을 중심으로 한 상하 세계의 위계를 나타내고 있는 것이다.

이렇듯 불국사의 범영루는 불국토 여정에서 최상의 지점을 상징하며 건축적인 관점으로서 뿐만이 아니라 불교 세계의 도정을 암시, 상징하여 보여 주는 누문이다.

부석사(浮石寺) 안양루(安養樓)　　경북 영주군 부석면 북지리에 있는 부석사는 산지 사찰의 풍모가 가장 뚜렷하게 보이는 대표적인 가람으로서 그 전망과 조망을 이야기할 때 가장 으뜸으로 꼽는 사찰이다.

소백산맥의 가지에 정점을 이루고 있는 봉황산을 주산으로 한 부석사는 676년 의상(義湘)이 창건하여 화엄 사상을 처음으로 전파했던 곳이며 그 뒤 고려조까지 화엄종의 근본 도량으로 경영되어 왔다.

그러나 현재의 신앙 형태와 가람 구성은 전형적인 정토계(淨土系) 사찰로서 무량수전과 안양루, 범종각 그리고 중문 터를 분절점으로 하는 상, 중, 하의 3부로 구성되며 각부는 3개의 단(段)으로 묶여 모두 9단의 변화를 가진다. 이러한 구성은 경전에 나오는 3배 왕생(三輩往生)이나 3품 3생설(三品三生說)의 구성과 일치한다.

부석사 범종루　진입의 축선상에 종루가 위치한 점도 특이한 배치이다. 이는 건물의
기능보다는 외부와의 시각적인 연결과 형태 구성에 더 큰 비중을 둔 계획 의도를
알 수 있게 한다.

부석사 요사채 영역의 중정과 탑들(옆면)
부석사 범종루 3단째의 석축 기단 위에 서 있는 이 건물은 입구를 향해서는 팔작지붕
  이고 그 반대 방향에서는 맞배지붕 형식을 취하고 있다. 더욱이 박공면으로 출입하게
  되어 있음은 우리나라에서 보기 드문 예에 속한다.(위)

93, 95쪽 사진

산기슭에서부터 급한 직선 경사를 따라 치솟는 듯이 올라가면 동서로 뻗은 웅대한 석축 기단이 눈앞을 가로막고 그 위로 멀리 나는 듯이 범종루와 안양문이 날개를 펴고 있다. 3단째의 석축 기단 위에 서 있는 범종루는 정면 3칸, 측면 4칸의 층루 건물로 입구를 향해서는 팔작지붕이고 그 반대 방향은 맞배지붕 형식을 취하고 있으며 더욱이 박공면으로 출입하게 되어 있음은 우리나라에서 보기 드문 예에 속한다. 또한 진입의 축선상에 종루가 위치한 점도 특이한 배치라고 할 수 있는데 이는 건물의 기능보다는 주위 환경과 조화가 될 수 있는 외부의 시각적인 연계와 형태 구성에 더 비중을 두었으리라는 계획 의도를 짐작케 한다.

이 범종루를 분절점으로 하여 다시 가파른 계단을 오르면 장엄한 석축 기단 위에 안양루가 자리하고 있다. 안양루는 정면 3칸, 측면 2칸의 중층 누문으로서 팔작지붕을 하여 뒤쪽에 위치한 무량수전과 형태상의 교묘한 조화를 이루고 있다. 안양루의 지붕 형태가 팔작이 아닌 맞배 형태였다면 이같은 무량수전과의 대비와 조화 그리고 극적인 효과는 덜했을 것이다.

안양루에 앉아서 둘러보면 남으로 만석산, 매방산, 대마산, 비봉산, 옥녀봉 등이 마치 병풍같이 멀리 이 산지를 에워싸고 있는 모습이다. 절대의 자연 환경과 대비되는 상대적인 의미인 건축과의 조화가 이처럼 극적인 효과를 가져다 주는 연출은 불교라는 종교적 매개체가 없이는 도저히 이루어질 수 없었던 한 시대의 정신적 양식의 구현인 것이다.

97쪽 사진

봉정사(鳳停寺) **만세루**(萬歲樓) 한국의 대표적인 산지 사찰을 꼽으라면 봉정사와 부석사를 들 수 있을 것이며, 산지 사찰에서의 누의 기능은 조망을 가장 우선으로 들 수 있다. 때문에 부석사 안양문과 함께 봉정사의 만세루 또한 조망을 위한 산지 사찰의 대표적인 누라고 할 수 있다.

봉정사 만세루 정면 5칸, 측면 2칸의 만세루는 5량가의 맞배지붕으로 측면은 풍판을
달아 가구의 노출을 방지하였고 측면의 중앙 기둥은 석축 담장과 이어져 있다.

정면 5칸, 측면 2칸의 만세루는 5량가의 맞배지붕으로 측면은 풍판을 달아 가구의 노출을 방지하였고 측면의 중앙 기둥이 석축 담장과 이어져 있다. 이 기둥은 누 위에서는 대들보를 지지하기도 하고 그대로 올라가 중도리와 종보의 맞춤 부분을 받쳐 주면서 대들보의 뒤뿌리와 맞추어져 대웅전과 극락전의 가구 구성과 유사한 모습을 보이고 있다.

정면 중앙칸은 출입용 통로로 사용되어 중정으로 들어가면서 누 아래에서 보여지는 프레임(frame) 효과와 압축 밀폐된 공간의 긴장감은 누 아래를 지나갈 때 나타나는 가장 큰 특징이라고 할 수 있다. 누 아래의 통로를 빠져나오면 1.5미터 가량 높이의 단이 있고 이 단을 오르면 비로소 중정으로 들어가게 된다. 따라서 만세

봉정사 만세루 내부

봉정사 만세루 내부에서 바라본 중정 누 아래의 통로를 빠져나오면 1.5미터 가량 높이
의 단이 있고 이 단을 오르면 비로소 중정으로 들어가게 된다. 따라서 만세루의 영역
과 중정의 영역은 또 하나의 단을 두어 위계를 구분짓고 있다.

루의 영역과 중정의 영역은 또 하나의 단을 두어 위계를 구분짓고
있다.

만세루는 우물마루 바닥에 평난간으로 둘러져 있으며 법고와
목어가 놓여져 있어 예불을 알리는 고루로서의 기능도 가진다. 누
위에서 내려다보면 주변에 그리 높지는 않으나 수려한 산봉이 병풍
처럼 둘러져 있다. 봉정사는 낙동강이 소백산맥을 가로질러 형성한
중심 분지의 산기슭에 있으며 천등산봉을 주산으로 하여 남으로는
자백봉을 바라보는 곳에 위치하고 있다.

만세루에는 '만세루'말고도 '덕휘루(德輝樓)'라는 현판이 하나
더 걸려 있어 과거 이 누문의 이름이 덕휘루였음을 알 수 있으나
언제 만세루로 바뀌었는지는 알 수가 없다.

봉정사 만세루 내부 현판 만세루에는 '덕휘루'라는 현판이 하나 더
걸려 있어 이 누문을 덕휘루라고도 불렀음을 알 수 있다.

화엄사(華嚴寺) 보제루(普濟樓)　화엄사는 지리산을 종주봉으로 하여 반야봉, 노고단의 높은 산을 이루어 구례 분지로 내려오는 산록에 계곡을 끼고 위치하고 있다. 주위의 사면은 울창한 수림으로 싸여 있으며 협착한 계곡의 구릉지를 이용하여 격식과 준칙을 지키면서도 한편 자유로운 면도 가지는 배치는 환경과의 조화와 자체의 위엄을 모두 내포하고 있는 탁월한 가람 구성을 이루고 있다.

정문인 해탈문에서 금강문, 천왕문을 지나 3단의 석축 기단을 오르면 보제루와 종루가 가로로 배열되어 나타난다. 보제루를 옆으로 끼고 우회하면 중정 마당과 대웅전 그리고 각황전이 시야에 들어온다.

중층 맞배지붕의 누문 형태를 하고 있는 보제루는 조선 인조(仁

화엄사 보제루

祖) 때 벽암선사(碧巖禪師)가 건립하여 4면을 판벽으로 막은 폐쇄형의 누로서 승려나 신도들의 집회소로 사용했던 건물이다. 또한 평지에 건립되어 하층에 누하주는 있으나 출입치 못하도록 되어 있어 중정으로 우회 진입할 수밖에 없도록 동선을 유도하고 있다.

이와 같은 계획은 중정에 놓인 탑의 위치에서 그 의도를 확연하게 파악할 수 있다. 곧 중정에 놓인 탑의 위치가 대웅전을 중심으로 하여 좌우로 2기가 대칭적으로 배치되어 있지 아니하고 서로 비대칭으로 배치되어 있으며 동쪽의 5층석탑은 보제루를 오르는 계단 중심과 대웅전의 어칸·중심과의 일직선상에 놓여 있어 보제루를 우회하여 중정으로 들어가는 사람의 시각적인 효과를 연출하고 있는 것이다.

이처럼 화엄사의 보제루는 이를 배치하는 데 있어서 그 누의 용도 및 기능의 여부에 따라 들어가는 방식을 달리하고 또한 이에 따라 시각적인 효과를 고려한 건축적인 계획 의도가 담겨져 있다.

화암사(華巖寺) **우화루**(雨花樓)　화암사는 본전(本殿)인 극락전(極樂殿)이 현존하는 유일한 하앙식(下昻式)의 공포 구성을 하고 있는 백제계의 건축 양식이다.

1981년의 중수 공사때 발견된 '상량문'의 기록에 의하면 1611년에 "여전(如前)하게 3중창(三重創)하였다"고 되어 있어 대부분의 다른 건물과 마찬가지로 임진왜란과 병자호란의 기간 중에 소진되었다가 그 뒤 과거의 모습을 되살려 복원한 것임을 알 수 있다.

103쪽 그림　산지 사찰에서의 누문은 진입면에서 보면 중층형이고 중정면에서 보면 단층으로서 단차를 이용한 경사지에서의 가장 합리적인 누 건축의 구성 방법을 보인다. 화암사의 우화루도 이와 같은 구성 방법을 나타내고 있어 전면에서는 천연목을 사용한 누하주로 건물을 받고 있으며 배면 곧 중정면에서는 지상에서 바로 주춧돌이 기둥을 받고 있는 모습이다.

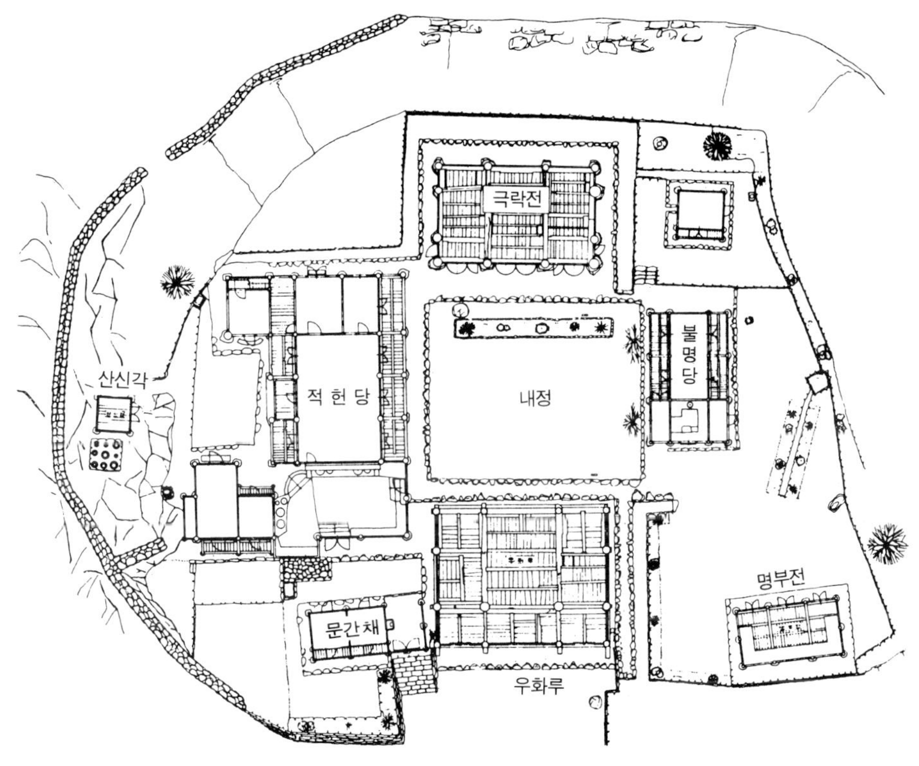

화암사 배치도

우화루는 정면 3칸, 측면 3칸의 누문으로서 흔치 않은 다포계의 공포 구성을 한 맞배지붕의 건축이다. 삼면이 판벽으로 구성되어 있고 중정을 향한 면만 개방되어 있으며 외부에서의 진입은 우화루의 좌측면에 별도로 나 있는 문간채의 대문을 통하여 출입하는 우회 진입 방식으로서 폐쇄성을 암시하고 있는 배치 구성을 이루고 있다. 이와 같은 현상은 전란 이후 전시에 대비한 방어적인 배치 구성의 일면을 보인다고 할 수 있다.

부처의 뜻이 바위에 머물러 꽃피웠다는 의미인 화암(華巖) 그리고 꽃이 비처럼 내린다는 우화(雨花), 이 두 이름에서 진리의 말씀과 진실의 꽃향기가 사역 곳곳에 스며 있어 탐욕(貪慾)과 속진(俗塵)을 씻는다.

용주사(龍珠寺) 천보루(天普樓)　　용주사는 정조 14년(1790)에 창건된 선종 사찰로서 그 기능이 현왕의 부친인 사도세자의 묘소에 제를 올리고 명복을 비는 원찰(願刹)이었기 때문에 사사(寺社)의 창건이 엄격하게 금지되고 있던 조선 사회에서조차도 대대적으로 단기간에 창건되었던 사찰이다. 따라서 용주사는 원(園)에 제(祭)를 올릴 원찰로 지었다는 점과 국가의 재정적 후원 아래 비교적 평지에 가까운 넓은 땅을 골라서 한꺼번에 짓도록 계획되었다는 점 등이 배치 형식에 큰 영향을 미친다고 볼 수 있다.

배치 형식을 보면 대웅전을 중심으로 하여 맞은편 남쪽에 천보루를 배치하고 이 천보루의 양옆에 연결 통로를 두어 오른쪽에 승당(僧堂), 왼쪽에 선당(禪堂)을 두어 마치 행각을 두른 것처럼 아늑한 중정을 형성하고 있다.

천보루는 정면 5칸, 측면 3칸의 누각 건물로서 누의 아랫부분은 대웅보전 앞마당으로 들어가는 통로로 사용되며 다섯 단의 계단을 통하여 대웅전의 앞마당으로 오르게 되어 있다. 이때 진입하는 사람의 시각을 조정하기 위한 것인 듯한 여러 배려가 있다.

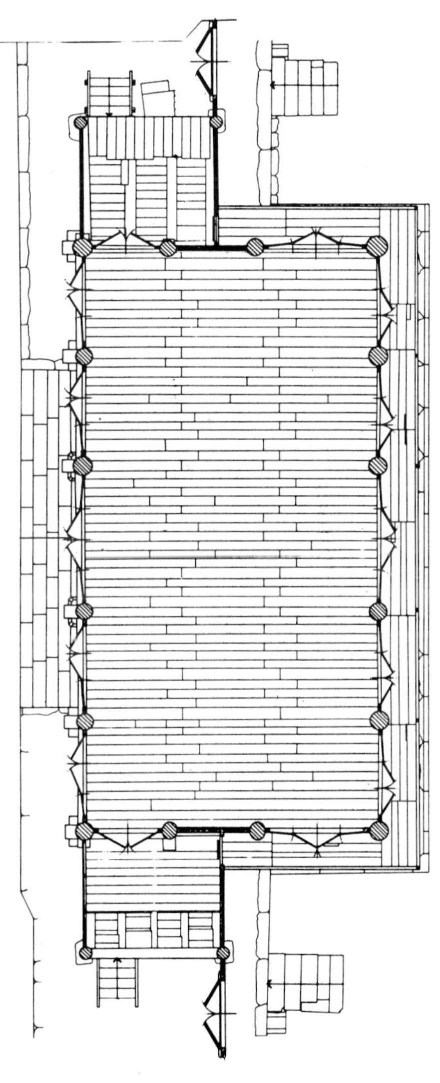

용주사 천보루 상층 평면도

八萬四千法門同證彼岸
塵刹空中㮚大相億量濟群生

용주사의 천보루 천보루의 뒷면에는 '홍제루'
라는 현판이 걸려 있다. 천보루는 정면 5칸,
측면 3칸의 누각 건물로서 누의 아랫부분은
대웅보전 앞마당으로 들어가는 통로로 사용
되며 다섯 단의 계단을 통하여 대웅전 앞마
당으로 오르게 되어 있다.(옆면, 위)

곧 배면 어칸의 귀틀 밑 인방을 홍예형으로 밑을 훑어 치목하였다. 정면 어칸은 양 협칸과 툇간보다 3자 정도 넓게 잡았고 양쪽 면에서도 정면 쪽 협칸은 나머지 2칸보다 3자 정도 넓게 잡았다.

107쪽 사진   정면과 배면 어칸에는 방형 초석 위에 석주를 세우고 그 위에 누하주를 세웠으며 나머지는 축대 위에 방형 초석을 놓고 누하주를 세웠다. 상층 전칸(全間)은 마루로 되어 있는데 우물마루 위에 장마루를 다시 설치한 이중 구조이다. 정면과 측면으로는 쪽마루를 구성하고 평난간을 꾸몄다.

용주사의 천보루는 사찰의 건립 배경에서도 알 수 있듯이 관(官) 건축의 취향과 사찰 건축의 취향이 절충된 외관을 구성하고 있다. 사각의 반듯하게 다듬은 장초석이나 지붕 위의 용두 등은 조선시대 사찰 건축의 누에서는 쉽게 보기 어려운 요소들이다. 그러나 장초석 위에 지어진 누각 건물 자체는 일반적인 사찰 누 건물의 유형에 속한다.

용주사 천보루 누하의 천장 부분

　또한 천보루의 특징적인 것은 출입구의 위치이다. 일반적인 사찰
누의 출입이 옆면이나 뒷면 쪽에 위치하는 데 반하여 이 건물은
왼쪽과 오른쪽의 행각과 면한 부분에 특히 좁은 목조 계단을 통하여
어렵게 들어가야 한다는 것이다. 이 건물은 4면이 모두 창호가 달린
벽으로 구성되어 있으나 건물 내부로의 출입을 위한 진입이 쉽지
않다는 점, 다시 말하면 매우 조심스럽게 목조 계단을 오른 뒤 전실
과 같은 1칸 규모의 툇마루와 연결되는 공간을 별도로 설치하여

누 내부로의 진입을 매우 조심성 있게 건축적으로 유도한다는 점에서 이 건물이 가지는 특수성, 나아가서는 용주사가 가지는 원찰로서의 성격을 다시 한번 음미하게 한다.

교육 시설의 누

조선 왕조가 시작되면서 유교적 정치 이론과 실현에 부응하여 교육 기관으로 중앙에 4부 학당과 성균관을 두고 지방에는 주(州), 부(府), 군(郡), 현(縣)에 각각 향교(鄕校)를 설치하였다.

사화가 빈번하게 발생하고 관학이 그 권위와 학문적 역할이 쇠퇴하면서 관에 종사하던 사대부들이 지방의 연고지로 낙향하여 산수를 벗삼아 은둔 생활을 즐기며 후학을 양성하는 경우가 많아지면서 그 고장에 사설 교육 기관인 서원(書院)이 융성하게 되었다.

서원의 본격적인 설립은 중종 때의 학자인 주세붕이 풍기군수로 재직할 때 백운동서원(白雲洞書院)을 설립하면서부터이다. 그 뒤 명종 5년(1550)에 왕명에 의해 사액이 내려지면서 편액에 쓰여진 이름인 소수서원(紹修書院)으로 불리게 되었다.

이는 당시 서원의 증가 추세를 짐작해 볼 수 있는 것으로 중앙에서는 일부 서원에 사액을 내려줌으로써 서원을 공인한 것이 된다. 중종 이후에 창설된 서원의 수가 650여 개나 되고 그 가운데 사액을 받은 곳이 265개소에 이르렀으나 대원군에 의해 전국 47개소만 남기고 모두 정리되었다.

사서 삼경을 위주로 한 교과 과정은 관학이나 사학이나 마찬가지였기 때문에 성균관, 향교, 서원의 공간 배치도 비슷한 양상을 보인다. 이를 살펴보면 관학에서의 기본 배치인 명륜당을 중심으로 동재, 서재의 강학 공간과 대성전을 중심으로 동무, 서무를 배치한다.

동래향교 반화루 투시도   단양향교의 풍화루, 동래향교의 반화루, 도동서원의 수월루,
필암서원의 곽연루 등은 누마루를 설치한 누 건축을 정문으로 삼은 곳이다. 별도로
경내에 누 건축을 두어 강학 공간으로 조성한 곳도 있으나 일반적인 교육 기관 안의
누 건축은 정문인 경우가 대부분이다.

옥산서원의 누 건축 누문의 기능은 유생들의 휴식이나 강독 공간으로 사용되는데 정면 3칸, 측면 2칸이 많다.

옥산서원 무변루 이러한 누문은 선비들의 학문 토론과 시작(詩作), 주연 등의 장소로 사용되었으리라 본다.

學求齋
直方齋

소수서원　위는 전경이고 옆면 왼쪽은 학구
재, 오른쪽은 직방재, 왼쪽은 지락재이
다.

서원에서도 사당의 의식(享祀)공간과 강당의 강학 공간으로 나뉘어 구성되었다.

관학이나 사학에서는 대부분 정문을 외삼문(外三門)이라 하여 정면 3칸의 솟을대문 형식을 취하고 있다. 그러나 일부에서는 다른 형식을 취하고 있는데 예를 들면 단양향교의 풍화루, 동래향교의 반화루, 도동서원의 수월루, 필암서원의 곽연루 등으로 이는 특별히 누마루를 설치한 누 건축을 정문으로 삼은 것이다. 별도로 경내에 누 건축을 두어 강학 공간으로 조성한 곳도 있으나 일반적인 교육 기관 안의 누 건축은 정문인 경우가 대부분이다.

정면 3칸, 측면 2칸이 기본이 되는 누문의 기능은 유생들의 휴식이나 강독 공간으로 사용되며, 유학이 가지는 독자적 생활 철학에 부합되는 공간을 이루고 있다. 아마도 이 누문은 선비들의 학문 토론과 과시라는 시대 상황에 따른 시작(詩作)과 주연(酒宴) 등의 학문과 풍류의 장(場)으로 사용되었으리라 본다.

관학의 교육 기관은 도시나 마을 또는 인접된 대지에 자리하는 경우가 많으나 서원은 벼슬을 버리고 낙향 또는 은둔한 선비들이 자신의 학문적 성취와 후진 양성을 위해 번잡하지 않은 마을로부터 떨어진 장소를 선호하게 됨에 따라 도시나 마을에서 떨어진 산수 수려한 한적한 장소를 택하고 있는 것이 하나의 특징이다.

정문에 설치되는 누 건축은 담 안에서 오를 수 있는 계단을 설치하고 사방에 개구부를 두지 않고 난간을 둘러 건축 공간의 절반 정도는 담 밖으로 돌출시켜, 경직되기 쉬운 내부 공간에 해방감을 주고 있다. 특히 서원의 누문 위에 올라 주위를 바라보면 주위의 산과 강물 등 자연이 연출하는 풍광으로 인해 누문 안 공간은 인간의 경지를 넘어선 공간이다.

곧 조선시대 교육 기관에서 향교와 서원의 정문인 외삼문의 누 공간은 강학과 누정 건축 본연의 기능을 흡수한 공간이다.

청주향교 관학이나 사학에서는 대부분 정문을 외삼문이라 하여 정면 3칸의 솟을대문 형식을 취하고 있다.

교육 기관의 누 건축 아래 도면은 도동서원의 대지 입, 단면도이다. 맨 아래는 성균관의 강학 공간이고 옆면은 성균관 문묘이다. 이러한 교육 기관도 의식 공간과 강당의 강학 공간으로 나뉘어 구성되었다.

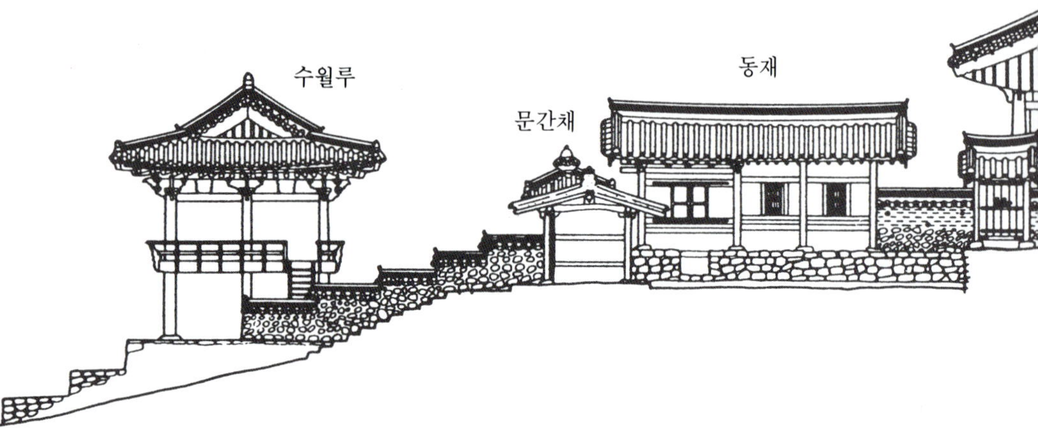

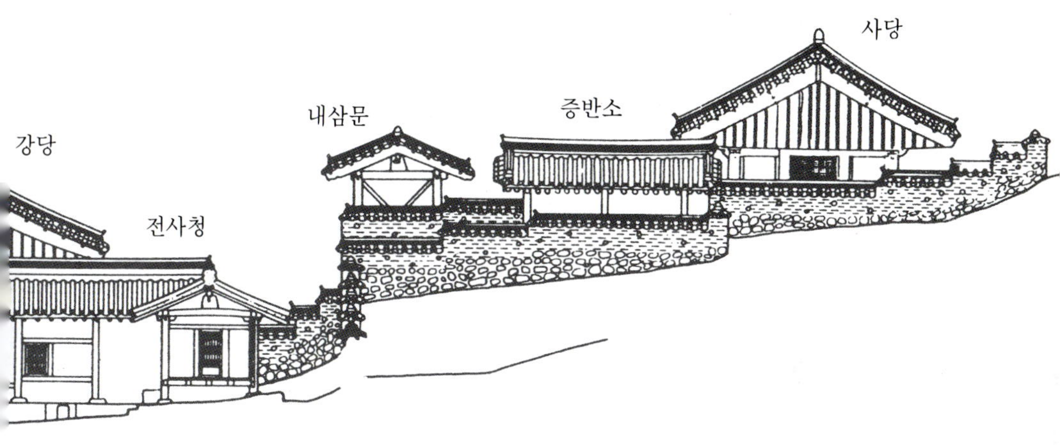

강당
전사청
내삼문
증반소
사당

주택의 누

조선시대 주택은 기후와 그 밖의 요인, 곧 사회 신분 제도에 의한 남자와 여자, 어른과 아이, 부모와 자식, 선조와 후손, 주인과 손님, 주인과 고용인 등의 공간 구별이 매우 엄격했다. 특히 조선시대의 상류 주택은 상위 공간(上位空間)과 하위 공간(下位空間)의 구분이 주택의 배치에서 현저하게 나타나 안채와 사랑채, 행랑채의 세 부분으로 나누어졌다.

안채와 안마당은 여성 중심으로 가족 활동이 이루어지며 사랑채 및 사랑마당은 외부에 가까운 곳에 배치되어 주인의 거실, 서재 및 접객 공간으로 사용되어 외부와 접촉 활동이 이루어진다. 대문과 행랑채 및 바깥마당으로 형성된 공간은 고용인들의 거처 또는 마굿간, 창고 등으로 구성되며 이 세 공간은 서로 연관되어 배치된다. 사랑채나 안채는 행랑채보다 상위 공간이다. 여기서 사랑채는 남성 위주의 양(陽)의 공간이 되어 개방적인 데 비해 안채는 여성 위주의 음(陰)의 공간으로 폐쇄적이다. 사랑채에는 구조적으로 고상식(高床式)의 누 형식을 많이 취하고 있는데 현존하는 조선시대 상류 주택을 보면 사랑채에서 개방적인 마루와 폐쇄적인 방의 비율이 안채보다 훨씬 높게 나타나고 있음을 알 수 있다.

조선의 상류 주택에서는 주인이 외부 사람과 만나 대화를 한다든가 학문을 논하는 행위가 대부분 사랑채에서 이루어진다. 이러한 행위가 일어나는 사랑대청은 대체로 외부 공간에서 활동하기에 적합한 봄에서 가을까지 주로 사용되며 누마루 형식으로 이루어진 것이 많다.

누마루는 툇마루나 대청보다 한두 단 높게 잡아 기둥 밖으로 바닥을 돌출시켜 인위적으로 전망을 유리하게 만들어 누 건축의 배경과 같은 형식을 취한다. 누마루는 공간의 성격상 정자와 비슷하지만

정병호 씨 댁 사랑채 누마루 사랑채에는 구조적으로 고상식의 누 형식을 많이 취하고
있는데 현존하는 조선시대 상류 주택을 보면 사랑채에는 개방적인 마루와 폐쇄적인
방의 비율이 안채보다 훨씬 높게 나타난다.

지면에서 높게 올려 만들어 바닥과 시야를 멀리까지 연장시킬 수 있도록 한 구조적 특징은 천지인(天地人)의 삼재(三才)를 일체화하려는 의도와 그 자체를 권위성으로 나타내려는 성격을 가진다.

누마루는 구조적으로 지면에서 높게 올려진 고상식의 구조를 가지므로 구들이 있는 방과는 다른 형식을 갖는다. 주춧돌과 누하주(樓下柱)로 마루가 버텨지며 누상주(樓上柱)는 상부의 지붕을 받치는 구조로 되어 있고, 땅의 습기로부터 누하주를 보호하기 위하여 초석이 지면 위로 높게 돌출하고 있다.

이들 초석과 누하주, 누상주의 연결에서도 천원지방(天圓地方)이라는 동양 철학의 한 단면을 보여 주는 것도 있다. 곧 초석은 사각이며 누상주는 원형이고 이를 연결시키는 누하주는 팔각 기둥으로 처리하는 경우가 많다. 또 누마루 끝에는 난간을 설치하는 것이 일반적이며 난간의 형식은 주변 경관에 따라 달라지지만 경관이 좋은 곳에서는 조망에 유리한 격식을 갖춘 계자난간을 한 것이 많다. 누마루 천장은 대부분 서까래가 노출된 연등천장으로 구성되며 이는 모든 구성 부재를 있는 그대로 드러내어 내부 공간과 외부 공간을 나누지 않고 서로 합치시키는 공간의 신축성을 부여하기 위한 의도이다. 누마루는 2면이 개방된 대청 마루와 달리 3면이 개방되어 있다. 3면에는 분합문을 달거나 그대로 두기도 하는데 이는 내부에서의 조망을 위한 기능뿐만 아니라 누마루 자체가 갖는 경물적인 성격을 동시에 나타내는 것이다.

우리나라는 예로부터 절경인 곳에 누 형식의 건물을 세워 주변의 경관을 감상할 수 있게끔 하였으며 또한 누를 세움으로써 주변의 환경과 어우러져 자연과 인공이 결합되는 조화미를 나타내기도 하였다.

고려시대의 문집 「동문선(東文選)」의 '서경 풍월루기(西京風月樓記)'에서는 "…기둥 다섯 개의 누를 짓고 도벽과 단청을 하였는데

강릉 선교장 활래정 누마루는 구조적으로 지면에서 높게 올려진 고상식의 구조를 가지므로 구들이 있는 방과는 다른 형식이다. 정자인 활래정은 1816년에 이근우 선생이 중건한 건물이다.

다섯 달이 지나서 이룩되었다. 누를 바라보니 나는 듯하고 동남쪽 여러 산이 자리 아래에 있는 것 같으며…”라 하여 누의 외부에서 바라다보는 경치를 노래하고 있어 누는 내부에서의 조망뿐만 아니라 경물로서 주변 자연 환경과의 조화도 이룸을 알 수 있다.

이러한 양면적인 특성을 갖고 있는 상류 주택의 누마루는 특히 내부에서 바라다보는 경관을 중요시하여 집터 가운데 조망이 제일 좋은 자리에 위치하며 조망하기 좋도록 인공물에 의한 차단을 줄이기 위해 주위의 담장을 낮게 조성하고 있다.

구례(求禮) 운조루(雲鳥樓)

전라남도 구례군 토지면 오지리에 위치한 운조루는 조선시대 양반집의 전형적인 형태인 ㅁ자형을 기본으로 하여 날개가 뻗어나간 배치 형태를 취하고 있는데 호남 지방에서는 보기 드문 예로서 현재 중요민속자료 8호로 지정되어 있다.

집의 터는 ‘금환낙지(金環落地)’라 하여 예부터 명당이라 부른 곳으로 전체적인 배치와 형국은 현재까지 이 집에 보존된 ‘전라 구례 오미동 가도(全羅求禮五美洞家圖)’라는 그림을 통해 살펴볼 수 있다.

125쪽 사진

이 그림에는 멀리 등지고 있는 조산(祖山)과 흐르는 내와 집 앞의 커다란 연못과 그 너머로 보이는 안산(案山)을 풍수지리에 입각하여 묘사하고 있다. 이러한 형국 속에 자리잡은 주택의 세부를 살펴보면 안사랑채와 행랑채의 익랑이 묘사되어 있어 현재의 모습이 일부 변모되었음을 알 수 있다.

운조루는 솟을대문을 통하여 앞마당에 들어서면 왼쪽에 사랑채가 있고 오른쪽에 ㅁ자형의 안채가 자리잡고 있다. 사랑채는 4칸 규모로 왼쪽 끝의 한 칸은 완전한 누마루 형식을 취하고 있으며 그 옆에 대청 마루가 연립되어 있는 특이한 구성을 보인다.

전라 구례 오미동 가도   이 그림에는 멀리 등지고 있는 조산과 흐르는 내와 집 앞의
커다란 연못과 그 너머로 보이는 안산을 풍수지리에 입각하여 묘사하고 있다.

이 누마루는 주택에 있어서 주인의 생활 공간 가운데서도 정서적인 생활이 주가 되는 공간이다. 곧 그림에는 누마루에 주인이 앉아서 집 앞뒤뜰에 놓여 있는 괴석과 기화 요초가 심어진 화분 사이를 거닐고 있는 학을 보며 생각에 잠긴 모습을 묘사하고 있다. 또 누마루에는 원주를 사용하여 기품이 서린 풍모를 나타내고 있으며 간단하게 결구된 가구와 홑처마로 이루어진 연등천장의 지붕 구성은 단아한 모습을 보인다. 누마루 끝에 두른 계자난간에서 세심한 배려를 느끼게 한다.

강릉 선교장(船橋莊) 열화당(悅話堂)

강원도의 대표적인 조선시대 상류 주택인 선교장은 현 주인의 7대조인 전주인(全州人) 이내번(李乃蕃) 선생이 개기(開基)했는데 선교장의 사랑채 역할을 하는 열화당은 순조 15년(1815)에 오은처사(鰲隱處士) 이후(李后) 선생이 건립하였다.

정자인 활래정(活來亭)은 순조 16년(1816)에 이근우(李根宇) 선생이 중건하였다고 한다. 주택의 전체적인 평면 구성은 凹凸형으로서 안채의 왼쪽 뒷면에 사랑채가 있고 그 앞으로 13칸의 행랑채가 마주보는 형태로 배치되어 있다. 정면 4칸, 측면 2칸으로 구성되어 있는 사랑채는 널찍한 대청 및 사랑방, 침방이 일렬로 이루어진 평면으로 그 가운데 한 칸을 조금 앞으로 돌출시켜 누마루 형식의 작은 대청으로 꾸몄으며 차양 시설이 툇마루 앞에 서 있다.

장대석의 두벌대 기단 위에 키가 큰 방형 석주를 돌출시켜 놓아 상부의 방주를 받치고 있는 누마루는 머름대가 있는 난간으로 둘러져 있으며, 남쪽과 동쪽은 사분합문을 설치하여 반개방적인 중립 공간의 성격을 가진다. 대청과 누마루는 방앞의 툇마루로 연결하여 각기 독립된 공간의 성격을 가지며 안채와 행랑채로 둘러싸인 안마당은 별도의 독립된 공간을 구성하고 있다.

창덕궁 후원(後苑) 연경당(演慶堂)

연경당은 순조(純祖) 28년(1828)에 세자의 청으로 사대부의 생활을 알기 위해 사대부 주택을 모방하여 궁궐 안에 지은 99칸 살림집이다.

연경당의 앞으로 흘러가는 명당수를 건너지른 석교를 넘어서면 영원한 즐거움을 누리는 곳이란 의미를 담은 솟을대문인 장락문(長樂門)이 나타난다. 이 대문간은 행랑채가 되며 행랑마당을 지나면 한몸으로 붙은 사랑채와 안채가 나타난다. 안채와 사랑채 사이를 담장으로 나누어 남녀의 공간을 구분하였으며 각기 다른 문을 통해 출입토록 계획하였다.

연경당 사랑의 대청이나 누마루에 앉아서 외부인의 출입을 모두 알 수 있도록 시선의 방향을 배려하여 행랑채와 중간채 그리고 사랑채의 대청과 누마루에 이르기까지 시각 방향을 일직선으로 구성하였다.

사랑채의 동쪽에는 서재인 선향재(善香齋)가 있고 그 뒤쪽 언덕 위에는 1칸짜리 아담한 정자인 농수정(濃繡亭)이 있다. 또 안채의 뒤쪽에는 일종의 전용 부엌인 반빗간이 위치하고 있어 안방 옆에 위치해야 할 부엌 자리에 누마루가 가설되는 주택의 예를 보인다.

정면 6칸으로 이루어진 사랑채는 중앙에 2칸의 대청을 두고 가장 오른쪽에 누마루를 설치하였으며 안채의 구성 또한 사랑채와 비슷하게 왼쪽의 안방 남쪽 끝으로 누다락을 설치하여 입면상의 균형을 보여 주고 있다.

이렇게 외견상 사랑채의 누마루나 안채의 누다락 같은 누 형식을 취하고 있으나 각기 명칭과 동선을 달리하고 있는 것은 당시의 남성 공간과 여성 공간의 기능적인 구분을 나타내는 예라 할 수 있다. 또한 사랑채와 안채를 한몸으로 구성하되 사랑채는 뒤쪽으로 침방을 두고 사랑방과 누마루가 앞쪽으로 나와 있는 반면 안채는 사랑채의 침방과 같은 가로선상에 놓여 ㄷ자형으로 구성되어 전체적인 평면 형상이 '～'의 모습을 하고 있어 남성 공간과 여성 공간이 음양의 조화를 이루고 있는 예라 할 수 있다. 또한 사랑의 대청이나 누마루에 앉아서 외부인의 출입을 모두 알 수 있도록 시선의 방향을 배려하여 행랑채와 중간채 그리고 사랑채의 대청과 누마루에 이르기까지의 시각 방향을 일직선으로 구성한 세심한 계획 의도를 알 수 있다.

하회(河回) 양진당(養眞堂)

서애(西涯) 유성룡(柳成龍)의 가형(家兄) 운룡(雲龍)의 13대손인 유시만(柳時萬)의 집으로서 조선 중기(1600년대)에 건축되었을 것으로 추정된다.

주택의 배치는 ㅁ자형 안채 오른쪽으로 문간채와 사랑채가 마주 보는 위치에 돌출됨으로써 전체적으로 � 자 구성이다.

전면의 행랑채에는 2개의 문을 만들었는데 하나는 평대문이고 다른 하나는 솟을대문을 하고 있어 형태만 보아도 문 안의 배치를 알 수 있다. 안채는 서쪽으로 난 중문을 통해서 출입하도록 되어 있는데 ㅁ자 배치 구성을 하고 있으며, 안방과 대청 전면으로 툇간을 설치하여 툇마루를 놓았다. 솟을대문을 들어서면 곧바로 사랑마당이 된다. 행랑채는 5칸으로 부엌, 온돌방, 대문간, 마굿간, 온돌방의 순으로 일렬로 배치되어 있으며 사랑채도 침방과 사랑방, 사랑대청이 일렬로 배치된 5칸 구조이다. 사랑대청은 정면 3칸, 측면 2칸으로 일반적인 상류 주택의 사랑채보다 상당히 크며 누마루 형식으로 지면에서 6단의 돌계단을 통해 출입토록 하였다. 주위에는 계자난간을 둘렀으며 3면에는 분합문을 달아 여닫는 것을 자유로이 하여 후원과 사랑마당의 경관을 즐길 수 있도록 하였다.

안채와 누마루의 바닥 높이는 차이가 없으나 지면에서 약간 높게 기단이 형성되어 있고 안채의 대청 전면에는 조금 넓은 기단을 두어 좌우로 봉행하며 출입할 수 있는 여유를 갖고 있는 반면 사랑대청의 전면 기단은 돌출이 적어 기단부를 통해 좌우로 왕래할 수 없고 6개의 계단을 통해 왕래하도록 되어 있어서 마루 위에서 조망하는 누각의 성격을 강하게 나타내고 있다.

사랑대청은 안채와는 달리 기둥 위에 창방을 설치하고 주두 위에 마구리가 사절(斜切)된 첨차를 놓아 소로와 장혀를 받는 주심도리의 형식을 취하나 천장은 연등천장으로 구성하여 권위 건축물에서 볼 수 있는 위엄성을 표현하고 있다.

하회(河回) 충효당(忠孝堂)

서애 유성룡의 장자(長子)가 임진왜란 뒤 중수하였고 그 뒤 증손(宜河)이 중수와 동시에 확장 건축한 조선시대 중기(1600년대)의 주택이다.

주택의 전체 배치는 ㅁ자형으로 안채에 사랑채가 서쪽 가장자리로 확장되어 돌출되어 있고 행랑채는 안채와 사랑채 서쪽 전면에 따로 떨어져 기다랗게 병렬로 배치된 형상을 하고 있는 전형적인 서사택형(西四宅型) 주택이다.

이 주택의 평면 구성은 양진당과 비슷하나 사랑채가 뒷면에서 앞면으로 나오고 행랑채가 가장 앞쪽으로 떨어져 건축된 것이 다르다. 전면 12칸의 기다란 행랑채에 난 솟을대문을 들어서면 곧바로 사랑채가 마주보이고 길다란 사랑마당에 서게 된다. 행랑채는 왼쪽 4칸에 방과 부엌이 있고 안채와 사랑채를 나누는 담장을 경계로 오른쪽에는 외양간, 광, 방, 마굿간 등이 있다.

사랑채는 사랑방과 침방이 앞뒤로 마주하고 사랑대청, 건넌방의 순으로 일렬 배치되어 ㅁ자형 안채와 연결되어 있다. 특히 대청을 사이에 두고 사랑방과 작은 건넌방은 마주하고 작은 건넌방은 앞에 작은 대청을 둔 것이 특이한 공간 구성이다. 작은 대청은 사랑대청과 연결되어 있으나 누마루 형식으로 분합문으로 나누고 다시 바깥에 면한 2면에 분합문을 두어 사랑마당과 남측면의 주택 외부에 있는 자연의 풍광을 조망할 수 있게 하였다. 사랑대청에는 계자난간이 없으나 작은 대청 전면과 측면에는 계자난간을 둘렀으며 충효당과 같이 전면 기단부 돌출은 작아서 조망하는 용도로 계획되었음을 알 수 있다.

용흥궁(龍興宮)

강화읍 관청리에 위치한 용흥궁은 강화 도령이라 부르던 철종(哲宗)이 등극하기 전에 살던 집으로 초가 삼간에 불과하던 것을 철종 4년(1853년)에 강화 유수(江華留守) 정기세(鄭基世)가 현재와 같은 집을 축조하고 옥호(屋號)를 '용흥궁'이라 하였다고 전한다. 고종 연간에 한차례 중건이 있었으나 그 뒤 많이 퇴락하여 1973년

보수 정화를 통하여 현재의 모습을 이루고 있다.

건물의 전체적인 배치는 지세(地勢)에 맞추어 2단으로 구성되었으며 공간은 크게 행랑과 안채 일곽, 사당 그리고 사랑채를 중심으로 하는 사랑 공간으로 구분된다. 안채와 행랑채는 아랫단에 위치하고 뒤쪽 높은 지대에는 사랑채와 사당이 자리잡고 있어 공간의 위계적 질서를 느낄 수 있다.

행랑채 중간에 난 솟을대문을 들어서면 안채가 전면에 위치하고 왼쪽에 사당과 사랑으로 통하는 계단과 문이 있다. 사당은 주위에 담을 둘러 별도의 영역을 형성하고 있으며 작은 정원을 이루고 있는 마당을 사이에 두고 사당 건너편인 오른쪽에 사랑채가 있다.

사랑채는 ㄱ자형 평면으로 전면으로 돌출된 1칸은 누마루를 구성하였다. 장대석 외벌대 기단 위에 높은 초석을 놓고 상부의 기둥을 받치며 여기에 귀틀을 건너질러 높게 마루를 깔았다. 누마루 주위는 계자난간을 두르는 것이 일반적이나 용흥궁 누마루에서는 머름대로써 그 기능을 대신하며 3번에 분합문을 설치하여 필요에 따라 들어열 수 있도록 함으로써 사계절의 기후에 적응하며 누마루의 공간적 성격을 살리도록 하였다.

빛깔있는 책들 102-25

한국의 누

글	—박언곤
사진	—김종섭
발행인	—장세우
발행처	—주식회사 대원사
주간	—박찬중
편집	—김한주, 신현주, 조은정, 황인원
미술	—윤용주, 조옥례
전산사식	—김정숙, 육양희, 이규헌
첫판 1쇄	—1991년 6월 29일 발행
첫판 6쇄	—2003년 11월 25일 발행

주식회사 대원사
우편번호/140-901
서울 용산구 후암동 358-17
전화번호/(02) 757-6717~9
팩시밀리/(02) 775-8043
등록번호/제 3-191호
http://www.daewonsa.co.kr

이 책에 실린 글과 그림은, 저자와 주
식회사 대원사의 동의가 없이는 아무
도 이용하실 수 없습니다.

잘못된 책은 책방에서 바꿔 드립니다.

값 13,000원

Daewonsa Publishing Co., Ltd.
Printed in Korea(1991)

ISBN 89-369-0103-6 00540

빛깔있는 책들

민속(분류번호 : 101)

1 짚문화	2 유기	3 소반	4 민속놀이(개정판)	5 전통 매듭
6 전통 자수	7 복식	8 팔도 굿	9 제주 성읍 마을	10 조상 제례
11 한국의 배	12 한국의 춤	13 전통 부채	14 우리 옛악기	15 솟대
16 전통 상례	17 농기구	18 옛다리	19 장승과 벅수	106 옹기
111 풀문화	112 한국의 무속	120 탈춤	121 동신당	129 안동 하회 마을
140 풍수지리	149 탈	158 서낭당	159 전통 목가구	165 전통 문양
169 옛 안경과 안경집	187 종이 공예 문화	195 한국의 부엌	201 전통 옷감	209 한국의 화폐
210 한국의 풍어제				

고미술(분류번호 : 102)

20 한옥의 조형	21 꽃담	22 문방사우	23 고인쇄	24 수원 화성
25 한국의 정자	26 벼루	27 조선 기와	28 안압지	29 한국의 옛 조경
30 전각	31 분청사기	32 창덕궁	33 장석과 자물쇠	34 종묘와 사직
35 비원	36 옛책	37 고분	38 서양 고지도와 한국	39 단청
102 창경궁	103 한국의 누	104 조선 백자	107 한국의 궁궐	108 덕수궁
109 한국의 성곽	113 한국의 서원	116 토우	122 옛기와	125 고분 유물
136 석등	147 민화	152 북한산성	164 풍속화(하나)	167 궁중 유물(하나)
168 궁중 유물(둘)	176 전통 과학 건축	177 풍속화(둘)	198 옛 궁궐 그림	200 고려 청자
216 산신도	219 경복궁	222 서원 건축	225 한국의 암각화	226 우리 옛 도자기
227 옛 전돌	229 우리 옛 질그릇	232 소쇄원	235 한국의 향교	239 청동기 문화
243 한국의 황제	245 한국의 읍성	248 전통장신구	250 전통 남자 장신구	

불교 문화(분류번호 : 103)

40 불상	41 사원 건축	42 범종	43 석불	44 옛절터
45 경주 남산(하나)	46 경주 남산(둘)	47 석탑	48 사리구	49 요사채
50 불화	51 괘불	52 신장상	53 보살상	54 사경
55 불교 목공예	56 부도	57 불화 그리기	58 고승 진영	59 미륵불
101 마애불	110 통도사	117 영산재	119 지옥도	123 산사의 하루
124 반가사유상	127 불국사	132 금동불	135 만다라	145 해인사
150 송광사	154 범어사	155 대흥사	156 법주사	157 운주사
171 부석사	178 철불	180 불교 의식구	220 전탑	221 마곡사
230 갑사와 동학사	236 선암사	237 금산사	240 수덕사	241 화엄사
244 다비와 사리	249 선운사			

음식 일반(분류번호 : 201)

60 전통 음식	61 팔도 음식	62 떡과 과자	63 겨울 음식	64 봄가을 음식
65 여름 음식	66 명절 음식	166 궁중음식과 서울음식		207 통과 의례 음식
214 제주도 음식	215 김치	253 장醬		

건강 식품(분류번호 : 202)

105 민간 요법　　181 전통 건강 음료

즐거운 생활(분류번호 : 203)

67 다도	68 서예	69 도예	70 동양란 가꾸기	71 분재
72 수석	73 칵테일	74 인테리어 디자인	75 낚시	76 봄가을 한복
77 겨울 한복	78 여름 한복	79 집 꾸미기	80 방과 부엌 꾸미기	81 거실 꾸미기
82 색지 공예	83 신비의 우주	84 실내 원예	85 오디오	114 관상학
115 수상학	134 애견 기르기	138 한국 춘란 가꾸기	139 사진 입문	172 현대 무용 감상법
179 오페라 감상법	192 연극 감상법	193 발레 감상법	205 쪽물들이기	211 뮤지컬 감상법
213 풍경 사진 입문	223 서양 고전음악 감상법	251 와인		

건강 생활(분류번호 : 204)

86 요가	87 볼링	88 골프	89 생활 체조	90 5분 체조
91 기공	92 태극권	133 단전 호흡	162 택견	199 태권도
247 씨름				

한국의 자연(분류번호 : 301)

93 집에서 기르는 야생화		94 약이 되는 야생초	95 약용 식물	96 한국의 동굴
97 한국의 텃새	98 한국의 철새	99 한강	100 한국의 곤충	118 고산 식물
126 한국의 호수	128 민물고기	137 야생 동물	141 북한산	142 지리산
143 한라산	144 설악산	151 한국의 토종개	153 강화도	173 속리산
174 울릉도	175 소나무	182 독도	183 오대산	184 한국의 자생란
186 계룡산	188 쉽게 구할 수 있는 염료 식물		189 한국의 외래 · 귀화 식물	
190 백두산	197 화석	202 월출산	203 해양 생물	206 한국의 버섯
208 한국의 약수	212 주왕산	217 홍도와 흑산도	218 한국의 갯벌	224 한국의 나비
233 동강	234 대나무	238 한국의 샘물	246 백두고원	

미술 일반(분류번호 : 401)

130 한국화 감상법	131 서양화 감상법	146 문자도	148 추상화 감상법	160 중국화 감상법
161 행위 예술 감상법	163 민화 그리기	170 설치 미술 감상법	185 판화 감상법	
191 근대 수묵 채색화 감상법		194 옛 그림 감상법	196 근대 유화 감상법	204 무대 미술 감상법
228 서예 감상법	231 일본화 감상법	242 사군자 감상법		

역사(분류번호 : 501)

252 신문